小さな小さな虫図鑑

Teeny tiny Bugs' Guide

よくいる小さい虫はどんな虫？

写真・文／鈴木知之

偕成社

はじめに

　この本を読もうとしているみなさんは、もう、とっくに気づいていることでしょう。カブトムシやアゲハチョウ、セミなど、大きくてめだつ虫のほかに、「小さな小さな虫」がいることに……。

　小さな虫は、道端の草でも、公園の地面や木でもみつかります。家の中にいることもありますし、野山にもたくさんいます。

　日本には3万数千種の昆虫が知られています。その多くは体長が5mm以下で、2～3mmしかない種も少なくありません。でもこれは日本の昆虫にかぎったことではなく、世界の昆虫（100万種以上も知られています）をみても、大部分は小さな虫たちです。

　小さな虫のなかには、かっこいい姿をしているものや、とても美しいものがいます。また、行動がおもしろい虫もいて、小さいからといって、この虫たちを知らないままでいる手はありません。

　小さな小さな虫たちの姿と、そのユニークなくらしぶりを、ぼくといっしょにのぞいてみませんか。

昆虫写真家　鈴木知之

アワクビボソハムシの幼虫（p.43）

もくじ 小さな小さな虫図鑑

はじめに･････････････････････ 2 　　図鑑の見かた･････････････････ 6

家の中にいる小さな虫･･････････････････････････････ 7

オオチョウバエ･･････････････････ 8
ホシチョウバエ･･････････････････ 9
アカイエカ･･･････････････････････ 10
キイロショウジョウバエ･･････････ 12
コクゾウムシ･････････････････････ 14
アズキゾウムシ･･･････････････････ 16
ヒメマルカツオブシムシ･･････････ 18

電灯の中の小さな虫たち･･････････ 20
トビイロケアリ･･･････････････････ 22
【小さなアリ図鑑】･･･････････････ 23
ゾウムシコガネコバチ･･･････････ 24
金魚のえさから タバコシバンムシを発見！･･ 25
日本では絶滅危機？ トコジラミのなかま･･ 25

草や地面にいる小さな虫･･･････････････････････････ 26

ムラサキトビムシ科の一種･･････････ 28
【小さなトビムシ図鑑】･･････････ 29
ノミバッタ･･･････････････････････ 30
ネギアザミウマ･･･････････････････ 31
セイタカアワダチソウ
　ヒゲナガアブラムシ･･････････ 32
【小さなアブラムシ図鑑】･･･････ 34
ヘクソカズラグンバイ････････････ 36
ヒゲブトグンバイ････････････････ 38
メダカナガカメムシ･･････････････ 39
クズノチビタマムシ･･････････････ 40
ヨツボシテントウダマシ･････････ 42
アワクビボソハムシ･･････････････ 43
ヒロアシタマノミハムシ･････････ 44
【小さなハムシ図鑑】････････････ 45
カシルリオトシブミ･･････････････ 46
ツマホシケブカミバエ･･･････････ 47

【小さな幼虫図鑑】････････････ 48
ササハモグリバエの一種･･････････ 50
ウリウロコタマバエ･･････････････ 51
ナモグリバエ････････････････････ 52
【小さくて きれいなハエ図鑑】･･ 54
サルトリイバラシロハモグリ････ 55
ヤブミョウガスゴモリキバガ････ 56
シダシロコガ････････････････････ 58
カラムシカザリバ････････････････ 59
タデキボシホソガ････････････････ 60
クズマダラホソガ････････････････ 62
ヨツスジヒメシンクイ････････････ 63
【小さくて きれいなガ図鑑】････ 64
日本でいちばん小さなコオロギ･････ 65
まるで甲虫！
　全身がメタリックブルーのハエ････ 65

4

木の幹や葉にいる小さな虫 ················· 66

ヤマトシロアリ ····················· 68
トゲキジラミ ······················· 70
ムネアカアワフキ ··················· 71
エゴノネコアシアブラムシ ··········· 72
ミカンコナジラミ ··················· 74
ホシヒメヨコバイ ··················· 76
【小さなヨコバイ図鑑】··············· 77
マルカメムシ ······················· 78
オオメナガカメムシ ················· 79
プラタナスグンバイ ················· 80
【小さなグンバイムシ図鑑】··········· 81
ヨツモンホソチャタテ ··············· 82
【小さなチャタテムシ図鑑】··········· 83
キバラコナカゲロウ ················· 84
ツヤツツキノコムシ ················· 86
キノコに集まる小さな虫たち ········· 88
【卵の小ささくらべ】················· 90
ヨツボシテントウ ··················· 92

【小さなテントウムシ図鑑】··········· 93
ヒシカミキリ ······················· 94
ヤナギルリハムシ ··················· 95
ヘリグロテントウノミハムシ ········· 96
ムシクソハムシ ····················· 98
ブドウハマキチョッキリ ·············100
カシワノミゾウムシ ·················102
【小さなゾウムシ図鑑】···············103
シロダモタマバエ ···················104
ニセクヌギキンモンホソガ ···········106
クヌギキムモンハモグリ ·············108
ハリギリマイコガ ···················109
ムラサキシキブツツヒメハマキ ·······110
クヌギエダイガタマバチ ·············112
クリタマバチ ·······················114
この本でいちばん小さな虫！·········115
日本にいない
　ジュズヒゲムシのなかまも小さな虫 ····115

水辺でみつかる小さな虫 ················· 116

ヒメトビウンカ ·····················118
【小さなウンカ図鑑】·················119
ケシカタビロアメンボ ···············120
ムモンミズカメムシ ·················121
ハラグロコミズムシ ·················122
チビゲンゴロウ ·····················124
クシヒゲマルヒラタドロムシ ·········125
シベリアユミアシケシキスイ ·········126
ツメアカマルチビゴミムシダマシ ·····127

イネミズゾウムシ ···················128
ウキクサミズゾウムシ ···············130
田んぼでみつかる小さな虫たち ·······131
ミナミカマバエ ·····················132
コバネガ科の一種 ···················133
クロハラカマバチ ···················134
南の島の奇妙なハエ ·················135
砂浜にすむ砂粒みたいな甲虫 ·········135
【セラム島でみつけた小さな虫図鑑】···136

用語解説 ···························138　　さくいん ···························140

図鑑の見かた

この図鑑では、おもに身近な場所で見られる5mm前後の小さな虫を集めて紹介した。虫の小ささが実感できるように工夫して、それぞれの虫の特徴や、さがしにいくときに役だつ情報をわかりやすく解説している。

● **インデックス**
虫のすみかを「家の中」「草や地面」「木の幹や葉」「水辺」の4つに分け、しめしている。

● **虫のデータ**
類 は、属している目と科
全 は全長（頭の先からはねの先までの長さ）
体 は体長（頭の先からおしりの先までの長さ）
分 は国内のおもな分布

● **虫の名前** 外来種は 外 でしめしている。

● **ホントの小ささ！スタンプ**
成虫や幼虫の実際の小ささを、丸やだ円でしめしている。

 紫色は成虫の小ささ　　 青緑色は幼虫の小ささ

● **撮影データ**
その虫を撮影した具体的な環境と地名、撮影年月日が書いてある。虫をさがすときに参考にしよう。

● **小ささスケール**
縦横10mmの正方形の中に、実際の小ささで虫の写真を入れてある。

● **ひとこと情報** そのページで紹介した虫についてのかんたんな情報を紹介している。

● **超拡大**
いくつかの種について「深度合成」という技法を使って、細部が見えるように超拡大して紹介している。

● **なかまコラムと図鑑コラム**
できるだけ多くの種を紹介するために、くわしく解説した種のなかまをかんたんに紹介するコラム。

家の中にいる小さな虫

家の中でみつかる小さな虫の多くは、人間にとってはめいわくな存在だ。ハエやカ、貯蔵食品を食べるもの、衣類を食べるものなどは、たいていの場合、発見されたとたんに駆除される運命にある。だが、その前に、ちょっとだけ観察してみよう。おもしろい発見があるかもしれない。

→ 12ページ

→ 16ページ

→ 14ページ

→ 15ページ

→ 24ページ

台所

米やアズキ、パスタなど人間が貯蔵している食べ物が大好きな小さな虫たちにとって、乾燥食品が収納されている台所は、うってつけのすみかである。だが、近年は食品がしっかり密閉されるようになったためか、こうした小さな虫を見る機会は減ってしまった。

家の中

トイレやふろ場にいる「小さなハート形」
オオチョウバエ 外

類 ハエ目チョウバエ科
全 3.4mm前後
分 本州～九州

ホントの小ささ！

トイレのかべにとまるオオチョウバエ
トイレのかべは白やうすい色のことが多いので、小さくても黒っぽい色のハート形はよくめだつ。

トイレ　埼玉県越谷市　2015.4.15

オオチョウバエは、トイレやふろ場のかべでよく見るハート形の小さな虫だ。幼虫は汚水の中で水中にふくまれる栄養分を食べて成長し、約2週間で蛹化、羽化して成虫となる。春から秋にかけて発生するが、冬でも家の中が暖かければ成虫が現れることもある。成虫は灯火にも飛来し、電気スタンドをつけて本を読んでいると飛んでくることがある。

成虫　体にもはねにもたくさん毛が生えている。はねの色や模様は、この毛でできている。はねを開いてとまるので、ハート形になる。

チョウバエは、「ハエ」という名がついているが、カに近いグループ。

放置した缶詰に大発生！
ホシチョウバエ 外

- 類 ハエ目チョウバエ科
- 全 2mm前後
- 分 北海道〜南西諸島

家の中

ホントの小ささ！

ベランダ　埼玉県越谷市　2015.10.24

缶詰に発生したホシチョウバエ
韓国産のカイコの蛹の缶詰（ポンテギ）を購入したが、好きな味ではなかったので、なにかおもしろい虫がくるかもと、ベランダの鉢植えの上に放置しておいた。

成虫　はねを屋根形にたたんでとまる。

頭部

終齢幼虫　体がやわらかく、伸びたり縮んだりしながら動きまわる。体長は伸びて8mmほど。

呼吸管

蛹　頭部側には1対の呼吸管が突きでている。体長3.65mm。

家の中にすむチョウバエ類の幼虫は、トイレやふろ場の排水溝の中などで育つことが知られているものの、ぼくの家ではみつけることができなかった。なんとか幼虫を撮影したいと思っていたら、ベランダに放置したカイコの缶詰で、ホシチョウバエが発生していた。雨水が入ったりして、最適な生息環境になったのだろう。幼虫や蛹をじっくり観察することができた。

🌱 家の中にいるチョウバエは、ほとんどがオオチョウバエか、ホシチョウバエ。

9

家の中

幼虫はバケツの水でも育つ
アカイエカ

類	ハエ目カ科
体	5mm前後
分	北海道〜九州

ホントの小ささ！

畑のわきのバケツ
埼玉県越谷市
2015.10.28

幼虫 呼吸のために水面近くにいるが、危険を感じると、すばやくもぐる。

水のたまったバケツ 畑のわきにあったもので、水面には多数のアカイエカの幼虫がいた。

終齢幼虫 呼吸管を水面に出して呼吸する。ふ化後10日ほどで蛹になる。体長6.55mm。

蛹 胸部の呼吸管を鬼の角に見立てて「オニボウフラ」とよばれている。丸い状態で体長2.26mm。

アカイエカのおもな発生源は、家の周辺に置かれたバケツや金魚鉢など。こうした容器の水面をそっとのぞくと、幼虫がみつかるかもしれない。カの幼虫は棒が振れるように動くので「棒振り」から「ボウフラ」とよばれるようになったといわれる。多くの種は、水中の微生物などをこして食べている。

10　アカイエカは日本脳炎を、ヒトスジシマカはデング熱を、それぞれ媒介する。

メスは夜に血を吸いにくる

成虫は家の中に入ってくる代表的な力で、寝ているときに刺すのは、たいていアカイエカだ。昼間はまったく活動せず、カーテンやベッドの下などにかくれているが、白いかべにとまっていればみつかることもある。血を吸うのはメスだけで、血液は、卵を成熟させるための栄養になる。

公衆トイレ　神奈川県三浦市城ケ島公園　2016.6.6

メス　メスは成虫で越冬するが、オスは冬前に死ぬ。体長5.04mm（口吻はふくまない）。

卵　長さ0.7mmの卵をかたまりにして水面に産みつける。形が舟に似ているので『卵舟』とよばれる。

庭の水鉢　茨城県稲敷市　2011.9.14

なかま　野外にすむヒトスジシマカ

ヒトスジシマカは公園や雑木林など、野外で刺してくることの多い力で、胸部に白いすじがある。幼虫は雨どい、竹の切り株、放置された小さな容器など、浅く水がたまったところによく発生する。

庭　東京都豊島区　2010.10.8

メス　ぼくの腕から吸血しているところ。

呼吸管

庭　茨城県稲敷市　2016.8.30

幼虫　水のたまった湯のみ茶わんから採集。体長7.19mm。

ヒトスジシマカは体長4.5mm前後。本州〜南西諸島に分布する。

家の中

熟した果物が大好き！
キイロショウジョウバエ 外

- 類 ハエ目ショウジョウバエ科
- 体 2〜3mm
- 分 北海道〜南西諸島

ホントの小ささ！

オスのおしりは黒い。

ブドウの皮にとまるオス
後脚をこすり合わせて掃除しているところ。ショウジョウバエにかぎらず、ハエはみんなきれい好きで、しょっちゅう体をそうじしている。

台所　埼玉県越谷市　2011.9.29

キイロショウジョウバエは、黄色っぽい体をした小さなハエで、台所の生ごみの中にブドウやスイカなどの皮が入っていると、どこからか飛んでくる。果物によく集まるので英語では「Fruit fly」（果物バエ）という。新鮮なものより、熟して少し発酵しているほうが好きで、屋外では樹液などに集まっている。

メス　キイロショウジョウバエのオスとメスは、かんたんに区別できる。全身が黄色っぽければメス、おしりが黒ければオスだ。

「ショウジョウ」は「猩々」で、酒好きで顔の赤い妖怪のこと。大きな赤い複眼からこの名前がつけられた。

たった10日で成虫になる！

キイロショウジョウバエは成長が早く、どんどん世代交代をするので、遺伝学などを研究するために世界じゅうの研究室で飼育されている。気温が25℃あれば、幼虫は産卵の翌日にふ化し、5日目に蛹になり、10日目には成虫が羽化するという。ブドウの皮を集めて容器に入れ、実験してみた。

実験6日目
成虫、卵、幼虫、蛹が勢ぞろいした。

台所　埼玉県越谷市　2015.9.5

卵　湿った場所に産みつけられるので、呼吸管が2本ついている。長さ0.5mm。

3齢幼虫　あしはなく、ウジムシとよばれる。体が半透明で、気管（体内に空気を送る管）が透けて見える。体長5mm。

蛹　蛹化が近づくと、幼虫の皮がかたくなり、頭部方向に2本の呼吸管が出てくる。この中に蛹が入っている。体長4mm。

🌱 キイロショウジョウバエのメスは、条件がよければ、死ぬまでに1000個ぐらいの卵を産むことができる。

家の中

お米を食い荒らす悪いやつ？
コクゾウムシ 外

|類| コウチュウ目オサゾウムシ科 |
|全| 3〜4.5mm（口吻をふくむ）|
|分| 北海道〜南西諸島 |

ホントの小ささ！

成虫 成虫はふつう粉にまみれている。無農薬の鹿児島県産古代米で発生した。

物置　埼玉県越谷市　2007.12.23

もし、台所の米びつの中のお米が粉だらけになっていて、米粒ぐらいの大きさの黒っぽい虫がいたら、それがコクゾウムシだ。成虫も幼虫もお米を食べるので「米食い虫」とよばれている。幼虫は米粒の内部を食べて育ち、成熟すると蛹になり、やがて穴をあけて羽化してくる。麦やトウモロコシなど、イネ科の貯蔵食品も食べる。

被害にあった古代米 米全体が粉をまぶしたようになり、米粒一つ一つには成虫の食痕や産卵痕などがある。

終齢幼虫（米を割って撮影）
一粒で1頭が育つ。小さいけれど、ちゃんとオサゾウムシ科の特徴である寸詰まりの体形をしている。

埼玉県越谷市　2015.12.25

コクゾウムシは、稲作が日本に伝わったころ、イネといっしょに入ってきたと考えられている。

びっくり！超拡大

口吻 先端に大あごがある。産卵時には大あごで米に穴をあける。

複眼

触角の第1節はとても長い。

上翅に2対の斑紋があり、その輪郭は不明瞭。斑紋の大きさは個体によってさまざま。

触角の第3節は長さが幅よりも長い。よく似たココクゾウムシでは、長さと幅がほぼ等しい。

体の表面は小さな穴（点刻という）でおおわれている。

なかま 貯蔵食品で発生する小さな甲虫たち

米や麦の中には、コクゾウムシ以外にもいろいろな小さな虫がいる。こうした昆虫は、野外では鳥や動物の巣の中といった食べ物があって乾燥した環境を利用していたが、人間が穀物を貯蔵するようになると、家屋内へとすみかを移してきた。ただ近年は衛生管理が行きとどき、都市化により野外でのすみかが減ったため、採集しようと思っても意外にむずかしい。養鶏場や家畜小屋の周辺、都市部では精米所の床などでみつかることがある。

埼玉県越谷市 2015.10.9

コメノケシキスイ 外
上翅が短く、腹部が露出した特徴的な体形をしている。
類 ケシキスイ科　体 1.8〜2.8mm
分 本州〜南西諸島

越谷市 2007.12.23

カクムネチビヒラタムシ 外
世界の熱帯〜亜熱帯に広く分布する。
類 ヒラタムシ科
体 2mm
分 本州〜南西諸島

越谷市 2015.10.9

コクヌストモドキ 外
小麦粉など、粉状のでんぷん質を好む。
類 ゴミムシダマシ科
体 3.3〜4.2mm
分 北海道〜南西諸島

コクヌストモドキは、いつ日本に入ってきたか、わかっていない。

家の中

アズキを穴だらけにする めいわくな虫
アズキゾウムシ 外

類	コウチュウ目マメゾウムシ科
体	3.5～4mm
分	本州～南西諸島

ホントの小ささ！

アズキゾウムシに食い荒らされたアズキ　どんどん増えて、幼虫がアズキを穴だらけにしてしまう。　成虫は年に数回発生する。

茨城県つくば市産のアズキ　2015.9.5

台所で保存していたアズキやササゲが穴だらけになっていたら、アズキゾウムシがひそんでいる可能性が高い。黒っぽい小さな虫がいないか、調べてみよう。アズキゾウムシは、1300年以上前にアズキといっしょに中国から日本にきたという。原産地はインド～中国南部といわれ、今では世界じゅうの温帯～熱帯に分布を広げている。

成虫　上翅には、黒・白・うす茶～茶色が組み合わさったきれいな模様がある。アズキゾウムシは、成虫になると、なにも食べず、水も飲まない。

16　🌱 アズキゾウムシは、気温25℃の条件で、卵から幼虫がかえるまで5日、成虫になるまで約1か月。

一粒のアズキで幼虫が5ひき育つ

幼虫は、卵の中から豆に食い入り、内部を食べて育つ。そして豆の中で蛹になり、羽化する。コクゾウムシ（p.14）は米一粒で1ぴきだが、アズキは米より大きいので、アズキゾウムシは一粒で5ひきも幼虫が育つ。

豆の中の幼虫 体はつやのある乳白色で、ちょうど幼虫と同じ大きさの穴に収まっている。ずんぐりした体形で頭部が小さいのは、マメゾウムシのなかまに共通した特徴だ。

ホントの小ささ！

卵 豆の表面に張りついている。幼虫がかえったあとも卵殻がそのまま残る。長さ0.56mm。

蛹 幼虫の食痕がそのまま蛹室になっている。淡褐色の小さな粒は幼虫のふん。体長3mmほど。

脱出の準備 羽化した成虫は、中から豆の皮を丸く切りとる。このあと、ふたをあけるようにして外へ出てくる。

オスとメスをくらべてみよう

オスとメスがそっくりで区別しづらい虫もいるし、形や色、模様が大きくちがっていて、すぐに区別できる虫もいる。アズキゾウムシは、拡大してよく観察すれば、オスとメスの区別がつく虫だ。触角の形と体の形に注意して、オスとメスでちがうところをさがしてみよう。

オス　　　　メス

🌱 アズキゾウムシの触角は、オスのほうがギザギザが長くて鋭い。体の形は、メスのほうが丸っこい。

家の中

幼虫は昆虫愛好家の天敵！
ヒメマルカツオブシムシ

ホントの小ささ！

- 類 コウチュウ目 カツオブシムシ科
- 体 2〜3.2mm
- 分 北海道〜南西諸島

終齢幼虫
幼虫期間は長く、秋から冬にかけて終齢幼虫がみつかる。よく歩きまわり、床やマットの裏などで見かけることも多い。体長3.88mm。

押入れ　東京都豊島区産　2015.10.24

絹や毛織物、毛皮など、高級衣類の害虫として知られるヒメマルカツオブシムシ。幼虫が、おもに乾燥した動物の死がいを食べて育つため、こうした衣類が被害にあう。ぼくのような昆虫愛好家にとっても天敵で、防虫剤を入れわすれた標本箱が被害にあうことになる。

幼虫の秘密兵器

槍状毛がからまったアリ

幼虫の腹端には槍のような形の毛（「槍状毛」とよばれる）の束がある。アリなどの敵が近づくと、この束が扇状に開き、槍状毛がぬけて相手の体にからみつき、身動きできない状態にしてしまう。

被害にあった標本
標本は買い替えがきくものではないので、こうなるとショックは大きい。

標本箱　埼玉県越谷市　2008.3.3

昆虫標本の中で蛹化した蛹　幼虫の皮ふの背面が縦に裂け、その脱皮殻の中で蛹になるため、背面だけが見えている。

防虫剤により、ヒメマルカツオブシムシの幼虫は活動をおさえられるが、死ぬことはない。

春になると、成虫が外へ飛びだす

成虫は年1回、春に現れる。屋内で交尾・産卵し、やがて野外へ出て、花粉を食べに花に集まってくる。いろいろな花に集まるが、マーガレットやハルジオンなど、キク科の白い花がとくに好きなようだ。

マーガレットの花粉を食べる成虫
メスは、花粉を食べたあと、ふたたび家屋内に侵入し、衣類などに産卵する。

道端　新潟県佐渡市　2010.6.13

なかま　衣類を食べるカツオブシムシのなかま

衣類を食べるカツオブシムシにとって、家の中は食べ物があって快適なのだろう。野外では、鳥の巣などでみつかることがある。

家屋内　埼玉県越谷市　2013.5.20

ヒメカツオブシムシ 外
すばやく動く。野外では鳥の巣で発生する。
体 3.5〜5.5mm　分 北海道〜南西諸島

家屋内　ロシア沿海州　2007.8.15

アカオビカツオブシムシ 外
山地に多く、夏、山小屋でよく見かける。
体 7mm前後　分 北海道、本州

害虫とよばれる昆虫には、外来種が多い。

19

電灯の中の小さな虫たち

天井にある電灯の中に、黒い点々が見えることがある。これは、明かりにひきつけられて飛んできて中に入りこみ、出られなくなった小さな虫の死がいだ。電灯のそうじをするときに、どんな虫が入っているのか調べてみよう。

リビングの電灯
電灯のカバーのせまいすき間から中に入りこめるのは、小さな虫だけだ。

白い紙の上に集めて観察しよう

電灯の中で死んだ小さな虫たちは、乾燥してとてもこわれやすくなっている。カバーをはずし、白い紙の上にそっと集めてから、ピンセットで注意ぶかくつまんで調べよう。ここで紹介したのは、電灯の中にいる虫のほんの一部だ。家がある地域や環境によって、みつかる虫の種類がちがってくる。

ハヤシヒメヒラタホソカタムシ
めずらしい虫で、ぼくはこれまで見たことがなかった。このなかまは、乾燥した枯れ木にすむ。
類 コウチュウ目コブゴミムシダマシ科
体 1.7〜2.9mm　分 本州

東京都小金井市にすむ友人が、自宅の電灯から取り出して送ってくれた虫たち。どんな虫が出てくるか、わくわくした。

ヒメハネカクシ属の一種
ふだんは上翅の下にたたまれて見えない長い後翅が伸びていた。
類 コウチュウ目ハネカクシ科
体 2.3mm

カシヒメチャタテ
屋外では植物の上で見られる。
類 チャタテムシ＋シラミ目 ヒメチャタテ科
全 2.2mm前後　分 本州

ハエ目の一種
キノコバエ科のハエのような気もする。
類 ハエ目　体 1.9mm

トビイロケアリ（p.22）
庭先などでよく見かけるアリ。はねがないから飛べないし、明かりに集まる性質もない。えさをさがして屋内を歩きまわっているうちに、電灯のカバーの中に入りこんでしまったのだろう。

コガネコバチ科の一種
このなかまはさまざまな昆虫に寄生する。
類 ハチ目コガネコバチ科　体 2.3mm

コクヌストモドキ 外 （p.15）
小麦やパスタなどを食べる害虫。クワガタムシの幼虫を飼育するためのマットの添加剤として保管していたふすま（小麦の糠）で大発生したことがある。

21

家の中

甘いものより肉が好き!?
トビイロケアリ

- 類 ハチ目アリ科
- 体 2.5～3.5mm
- 分 北海道～トカラ列島

チーズにむらがる働きアリ
チーズを発見したアリは、大あごでチーズをかじりとり、巣に運ぶ。その信号を受信したアリは、なかまが通った道をにおいで確かめ、チーズにたどりつく。この繰り返しで、アリはまたたく間にむらがる。

ベランダ 埼玉県越谷市 2016.8.11

ホントの小ささ！

わが家の3階のベランダには1m×3mほどの花壇があって、そこにトビイロケアリがすみついている。働きアリのえさ集めを撮影しようと、カステラやジュース、あめ玉などを置いてみたが、まったくの素通り、煮干しには多少集まった。ところがチーズを置いたら、次々に集まってきた。トビイロケアリは、地中や朽ち木の中に巣をつくり、平地から山地まで広く分布している。

はちみつ好きは少数派 トビイロケアリはアブラムシが出す甘露に集まるので、はちみつを置いてみたが、あまり人気がなかった。

巣内の幼虫 巣をこわすと、幼虫の部屋が現れた。みるみるうちに働きアリが幼虫をくわえて運んでいった。

新女王アリのまゆと蛹 蛹の体長6.4mm。働きアリとくらべると、かなり大きい。

アリは石灰をきらって、その上を歩かないので、家の入り口や窓にまいておくと屋内への侵入を防げる。

小さなアリ図鑑 類 ハチ目アリ科

よく知られているクロオオアリは、働きアリの体長が10mmぐらいある大型種で、多くのアリは、もっとずっと小さい。一見、どれも同じようだが、拡大して見ると色や形がちがい、種ごとに個性があって、なかなかおもしろい。※体長はそれぞれ働きアリの大きさをしめしている。

キイロシリアゲアリ 公園や雑木林でふつうに見られる。写真はヤツデの花の柄にいたもの。
体 2〜3mm 分 北海道〜奄美大島

トビイロシワアリ 公園の広場や空き地など、開けた場所の地表でふつうに見られる。
体 2.3〜3.4mm 分 北海道〜屋久島

サクラアリ 日当たりがよく、乾燥した場所を好む。写真はケヤキの幹にいたもの。
体 1.6〜2.0mm 分 北海道〜徳之島

ハリブトシリアゲアリ アブラムシの甘露を食べるアリで、アブラムシといっしょにいる。
体 2〜3.6mm 分 北海道〜九州

ヒメアリ 林縁などで見られる。写真は、アカメガシワの花外蜜腺にきたところ。
体 1.5〜1.9mm 分 本州〜南西諸島

アミメアリ 女王がおらず、働きアリが産卵する。住宅街にも多い。
体 2.5mm 分 北海道〜南西諸島

「花外蜜腺」は、葉や茎など、花以外の場所にある、みつを出す器官のこと。

家の中

お米やアズキを守ってくれる？
ゾウムシコガネコバチ

類	ハチ目コガネコバチ科
体	2mm前後
分	北海道〜南西諸島

ホントの小ささ！

産卵するメス
お米の上を歩きながら触角で中の幼虫をさがしあてる。体長2mm。

物置　埼玉県越谷市　2015.10.21

貯蔵穀物の中にはさまざまな昆虫が発生している。米粒を食べるコクゾウムシ（p.14）がいれば、その幼虫をねらう寄生バチもやってくる。ゾウムシコガネコバチは、コクゾウムシの幼虫や蛹に産卵し、幼虫はそれらを食べて育つ。アズキゾウムシ（p.16）などにも寄生する。台所の片すみで、ぼくらの知らないあいだに、小さな虫たちによるこうしたドラマが繰りひろげられているとはおどろきだ。

物置　越谷市　2015.10.9

米袋にとまるオス
オスは腹部に白い部分がある。体長1.88mm。

米粒の中の蛹
コクゾウムシの幼虫が食べた空洞が、ちょうど蛹室の役割を果たしている。体長1.98mm。

「貯蔵穀物」とは、たくわえられた米、麦、トウモロコシなど、イネ科植物やソバの実、豆類などのこと。

金魚のえさから タバコシバンムシを発見！

部屋のすみに、金魚のえさが放置してある。しばらく前に、飼育していたゴキブリ類のえさとして買ったものだ。なんの気なしにあけてみると、小さな甲虫がみつかった。タバコシバンムシという、家屋の害虫として知名度が高い種である。パスタや干し椎茸など、さまざまな貯蔵食品で発生するというが、残念ながら自宅の台所には生息していない。ぼくにとってこの発見は、幼虫も成虫も撮影することができ、うれしいかぎりだった。でも、ふたは閉めてあったはずなのに、いつ侵入したのだろう？

埼玉県越谷市　2016.2.1

タバコシバンムシ 外
- 類 コウチュウ目 シバンムシ科
- 体 1.7～3.1mm
- 分 北海道～南西諸島

金魚のえさ　魚用の乾燥飼料は、昆虫の飼育にも意外と重宝する。

日本では絶滅危機？ トコジラミのなかま

トコジラミは寝床にすみつき、人の血を吸う害虫で、被害にあうと、ものすごくかゆくなるという。昔は日本にもふつうにいたというが、衛生環境がよくなり絶滅状態なのだろう、ぼくは一度も見たことがない。インドネシアのジャワ島へ撮影に行ったときのこと。タクシーの運転手に「トコジラミがほしいんだけど、なんとかなる？」ときいてみた。「まかせとけ」と笑顔で答えた運転手は、しばらくして、近縁種のネッタイトコジラミがたくさんついたスポンジを持ってきてくれた。知りあいの家のベッドのスポンジの中にいくらでもいるという。そのおそろしいベッドを撮影したかったが、帰国前日のことで時間に余裕がなくてあきらめた。

卵

インドネシア　ジャカルタ　2009.12.1

ネッタイトコジラミ
撮影しながら見ているだけで、体がかゆくなった。
- 類 カメムシ目トコジラミ科
- 体 5～8mm前後
- 分 日本各地（湾岸地域）

草や地面にいる小さな虫

地面には、いろいろな草が生えている。ちょっとした草むらも、小さな虫たちにとっては、広大な森林といえるかもしれない。しゃがみこみ、視線を地面に向けてしばらくながめてみれば、さまざまな小さな虫が見えてくることだろう。

→42ページ
→30ページ
→32ページ
→54ページ
→60ページ

住宅地にある小さな公園
せまい場所でも、こんな草むらがあれば、小さな虫がたくさんみつかるはずだ。

埼玉県越谷市西方公園　2012.8.8

草や地面で小さな虫をさがす コツ

●しゃがんでじっと見る
立った状態では足もとの草や地面は遠すぎて、小さな虫はよく見えない。しゃがんで、目を近づけてさがしてみよう。

●草むらの中を歩いてみる
草の葉の裏側にとまっている小さな虫は、葉を裏返さないとみつからない。葉を一枚ずつ裏返すのもいいが、ちょっと大変だから、草むらの中を歩いてみよう。ウンカやガなどはおどろいて飛びたつので、とまった場所を確認して、みつけよう。

●いろいろな草をさがす
草の種類によって、集まる虫はちがう。葉を食べる虫では、食べる植物が決まっていることも多いので、いろいろな草をさがせば、みつかる虫の種もちがってくる。

●食痕をさがす
小さな虫のなかには、意外にめだつ食痕を残すものがいる。虫こぶやマインなどは大きいので、遠くからでもみつかる。

道端　千葉県野田市三ツ堀里山自然園 2015.9.1

白くなったヘクソカズラの葉　こんな葉をみつけたら、そっと裏返してみよう。36ページで紹介するヘクソカズラグンバイという小さな虫が、きっとみつかる。

草や地面

小さな虫が集まって大さわぎ！
ムラサキトビムシ科の一種

類 トビムシ目 ムラサキトビムシ科
体 1.3mm前後

ホントの小ささ！

はねあがるトビムシ
こんなにたくさんいたのに、翌年の夏に行ったときは1ぴきもみつからなかった。

ブナ林　群馬県沼田市玉原高原　2015.11.16

トビムシは原始的な昆虫で、とても小さく、例外はあるものの「はねる」というのが最大の特徴である。秋、ブナ林を歩いていたら、カサカサと音がした。足もとを見ると、ものすごい数のトビムシがはねていて、音は、はねたトビムシが乾いた落ち葉に当たる音だった。田んぼや水たまりなどでも大発生することがあり、見たことがある読者も多いかもしれない。大発生するのはムラサキトビムシ科のものが多い。

落ち葉が泥をかぶったように見えるが、すべてトビムシだ。

はねるしくみ

トビムシの腹部には「跳躍器」と「保持器」という器官がある。跳躍器はふだん、先端が頭部側に向いた状態で、保持器によって引っかけられている。危険を察すると、筋肉の収縮で跳躍器は地面をけるように後ろに振り出され、体がはねあがる。

跳躍器が後ろに振り出された状態（上）と、保持器に収まった状態（下）。

🌱 トビムシは、落ち葉を食べて土にもどし、森をゆたかにたもつ役割を果たしている。

小さなトビムシ図鑑

国内に370種近くいるトビムシの多くは、落ち葉や菌類（キノコやカビのなかま）を食べて育つ。町なかでも、落ち葉と土の地面があれば、生息している可能性がある。校庭や公園に、いつも落ち葉が積もっているような場所があったら、落ち葉をめくって、さがしてみよう。

雑木林　福島県南会津町　2015.7.22

トゲトビムシ科の一種
林縁の葉の上でみつけた。銀色の鱗粉が美しい。

類 トゲトビムシ科　体 2mm前後

畑　埼玉県越谷市　2014.3.31

キボシマルトビムシ
ラディッシュの葉を食べていた。害虫だが、丸っこくてかわいい。

類 マルトビムシ科　体 1.2mm　分 北海道〜九州

水辺の倒木下　栃木県渡良瀬遊水地　2013.3.22

シロトビムシ科の一種
湿った環境の倒木の下などにいる。眼が退化している。

類 シロトビムシ科　体 1.5mm

水ぎわ　埼玉県熊谷市大麻生公園　2016.2.6

カザリゲツチトビムシ属の一種
田んぼや池などの水面や水ぎわにいる。小さいのは幼虫。

類 ツチトビムシ科　体 2mm前後

雑木林　神奈川県川崎市 生田緑地　2016.2.9

ムラサキトビムシ属の一種
湿った環境の倒れた朽ち木の表面を歩いていることが多い。都市部の緑地公園でも見られ、1000頭ほどの集団はよく目にする。

類 ムラサキトビムシ科　体 2.5mm前後

落葉下　埼玉県越谷市 平方自然観察林　2016.2.4

フジヤマトゲアヤトビムシ
林や、冬の田んぼにたまった落ち葉の下でよくみつかる。たてがみのような長い毛が特徴的だ。

類 アヤトビムシ科　体 2〜3.5mm　分 本州、八丈島

トビムシ目の多くの種は、見分けるのがむずかしく、標本にして各部を顕微鏡で比較し、名前を調べる。

草や地面

小さなロボット!?
ノミバッタ

類 バッタ目ノミバッタ科
体 4～6.3mm
分 北海道～九州

ホントの小ささ!

成虫 まるで金属でできた西洋の鎧のような胸部やあし、ねじの頭のようなひざ。こうした外見がロボットに見える。

裸地　栃木県日光市東大付属植物園　2010.6.17

地面にミミズみたいな形に土粒が盛りあがっていたら、それはノミバッタの巣かもしれない。ノミバッタは、一見ロボットのような金属光沢をもつバッタで、じつはバッタ類なのかコオロギ類なのか、今でもよくわかっていない。太い後脚をもち、ノミのように、はねる力が強い。近所でみつけて、はねるようすや巣づくりを観察してみよう。

土粒ドームの巣　畑や公園、河川敷などの裸地につくられることが多い。

ふん

裸地　茨城県坂東市天神山公園　2015.9.4

土粒ドームを取りのぞいたところ　中齢幼虫がいた。地面がトンネル状に体の高さまで掘られている。ふんはトンネルのすみの一か所にまとめられ、まるでそこはトイレのようだ。

土粒ドームをつくる幼虫　ノミバッタがおどろかないように、そっと土粒を取りのぞくと、ドームをつくるところが観察できる。大あごで地面から土粒をくわえとり、一粒一粒積みあげていく。

🌱 ノミバッタ科のなかまは、日本に4種が分布する。

草や地面

ネギが大好き！メスだけで増える極小昆虫
ネギアザミウマ 外

ホントの小ささ！

- 類 アザミウマ目アザミウマ科
- 体 1.1～1.6mm
- 分 北海道～南西諸島

食べあと
成虫も幼虫も、葉の表面をけずりとるように食べ、点がつながったような食痕を残す。

ここに終齢幼虫が2ひきいる。

ネギ畑
関東では、白い部分を食用とするネギが多く栽培されている。緑色の部分にネギアザミウマの吸汁痕があってもかまわないということで、農薬も少ないのだろう。たいていのネギ畑で食痕がみつかる。

ネギ畑　埼玉県越谷市　2015.9.1

ネギ畑があったら葉を見てほしい。黄緑色の斑点や白い線がきっとあるはず。どちらもネギアザミウマの吸汁痕で、白いほうは数日たったものだ。食痕の近くをルーペでのぞけば、幼虫や成虫がみつかるだろう。すべてメスで、オスはいない。ネギのほか、ナスやサトイモなど、さまざまな野菜で発生する。

1齢幼虫／2齢幼虫／吸汁痕
ネギ畑　越谷市　2015.8.2

幼虫　体長は1齢幼虫で0.4mm、2齢幼虫で1.08mmと2倍以上の差だ。

ネギ畑　越谷市　2014.4.14

成虫　気温によって体の色が変わる。低温期にはより黒っぽく、夏の高温期にはもっと黄色くなる。

飼育個体　2015.8.28

第2蛹　体長0.81mm。アザミウマのなかまは蛹に似た時期がある。ネギアザミウマでは、卵→1齢幼虫→2齢幼虫→第1蛹→第2蛹→成虫、というぐあいに発育する。第1蛹はなにも食べずに脱皮して第2蛹になる。この時期には翅芽があり、ほとんど動かず、ふつう地表や浅い地中にいる。

ネギアザミウマはトルコ原産で、1913（大正2）年に神戸で採集された。

草や地面

うわぁ、小さくて赤い虫がびっしり！

セイタカアワダチソウ
ヒゲナガアブラムシ 外

類	カメムシ目 アブラムシ科
体	3.5〜4mm
分	本州〜九州

ホントの 小ささ！

セイタカアワダチソウの茎を赤く染めるようにびっしりついているのは、セイタカアワダチソウヒゲナガアブラムシの大集団だ。名前のとおり、セイタカアワダチソウにつく、ひげ（触角）の長いアブラムシ。はねがない成虫（無翅虫）はすべてメスで、卵でなく仔虫を産み、どんどん増えていく。

道端 茨城県坂東市
2009.5.14

茎の上のコロニー
たいてい、頭を下に向けてとまっている。

32

仔虫 アブラムシ類では、幼虫のことを「仔虫」とよぶ。

口 針のような細長い口を茎に刺して汁を吸う

角状管 コロニーへの警報フェロモンを分泌する管。分泌物は、攻撃してくる相手を追いはらう効果もある。

草地　茨城県稲敷市　2015.6.13

仔虫を産む母虫（メス） 母虫はオスと交尾することなく、次々とメスの仔虫を産んで増えていく。仔虫はすべて母親の遺伝子だけを受けつぐ「クローン」で、しかも胎内に、すでに子を宿しているからおどろきだ。

食べ物が先にやってきた！

セイタカアワダチソウは100年以上前に北アメリカから持ちこまれ、今では日本じゅうに生えている。その茎や葉の汁を吸うセイタカアワダチソウヒゲナガアブラムシも北アメリカ原産で、1991年にはじめて日本で確認された。もし日本にセイタカアワダチソウがなかったら、この虫は今、日本にいなかっただろう。

空き地　埼玉県越谷市　2015.6.23

有翅虫 個体密度が増えると有翅虫（はねをもつ成虫）が現れ、飛んで分布を広げるといわれる。

道端のセイタカアワダチソウ 乾燥に強く、北海道から沖縄島までの河川敷や都市部に繁茂する。

🌱 セイタカアワダチソウにいるアブラムシは、セイタカアワダチソウヒゲナガアブラムシだけ。

小さなアブラムシ図鑑

類 カメムシ目アブラムシ科

アブラムシは日本に約700種もが知られ、さまざまな植物にコロニーをつくって、茎や葉から汁を吸っている。名前に汁を吸う植物名がついている種が多く、植物の名前がわかると、種類を調べる手がかりになる。季節によって汁を吸う植物を変える種もいる。

イタドリオマルアブラムシ
夏、山地のイタドリの葉裏にいる。冬は、クロウメモドキにつく。
体 1.9〜2.1mm
分 北海道〜九州

林縁 群馬県沼田市玉原高原 2014.8.13

ソラマメヒゲナガアブラムシ
公園や道端のカラスノエンドウにいる。春から初夏に多く、卵で越冬する。
体 3mm前後
分 北海道〜南西諸島

草地 千葉県富津市 2010.3.14

ネギアブラムシ
ネギ類につく。
体 1.8〜2.0mm
分 本州〜九州

畑 埼玉県越谷市 2014.6.5

ニセダイコンアブラムシ
アブラナ科につく。
体 2〜2.5mm
分 北海道〜南西諸島

畑 越谷市 2014.4.13

林 千葉県野田市 2011.11.6

マツノホソオオアブラムシ
マツ類にコロニーをつくる。
体 2.3〜3.1mm
分 北海道、本州

ニワトコフクレアブラムシ
秋から春はニワトコ、夏はさまざまな植物につく。
- 体 2.5～3mm
- 分 北海道～九州

林縁　埼玉県越谷市平方自然観察林　2014.4.2

ワタムシ類の一種
アブラムシのうち、白いろう物質をまとってふわふわ飛ぶワタムシ類は「雪虫」とよばれる。国内には50種以上がいる。
- 体 2～4mm

雑木林　千葉県市原市養老渓谷　2015.12.10

マテバシイケクダアブラムシ
マテバシイにつく。
- 体 2.0～2.5mm
- 分 本州

公園木　越谷市健康福祉村　2014.8.13

クロトゲマダラアブラムシ
クヌギやコナラにつく。
- 体 2.7～2.9mm
- 分 北海道、本州

雑木林　茨城県古河市　2013.10.8

クヌギトゲアブラムシ
クヌギ、コナラにつき、夏にオスが出現する。
- 体 1.8～1.9mm
- 分 本州、九州

林　千葉県野田市　2013.8.4

ハゼアブラムシ
ヌルデを好む。ヤツデやガマズミなどにもつく。
- 体 1.5～1.9mm
- 分 北海道～南西諸島

林縁　茨城県坂東市　2015.6.24

草や地面

日本一へんてこりん！？
ヘクソカズラグンバイ 外

類	カメムシ目 グンバイムシ科
全	2.6～3.2mm
分	本州～九州

ホントの小ささ！

成虫　ヘクソカズラグンバイは体の突起やふくらみが発達していて、日本で見られるグンバイムシとしてはもっとも奇抜な形をしていると思う。

林縁　東京都練馬区石神井公園　2014.8.4

ヘクソカズラグンバイはグンバイムシ科の昆虫で、ヘクソカズラの葉裏にとまり、葉に針状の口吻を突きさして汁を吸う。汁を吸ったあとは白い点になり、とてもよくめだつ。27ページの写真のように、小さな白い点がたくさんついている葉をみつけたら、葉の裏側をさがしてみよう。成虫で越冬し、一年に何度も発生するので、みつけるチャンスがたくさんある。

葉の裏側　写真の葉では4ひきの成虫がみつかった。黒い点々は、ヘクソカズラグンバイのふん。

幼虫　成虫と同じく、白い点々のあるヘクソカズラの葉裏でみつかる。体は白色半透明で、腹部中央の黒い部分がめだつ。

林縁　埼玉県さいたま市見沼氷川公園　2015.8.15

ヘクソカズラグンバイは、東南アジア原産の移入種で、1996年に大阪でみつかったのが最初の記録。

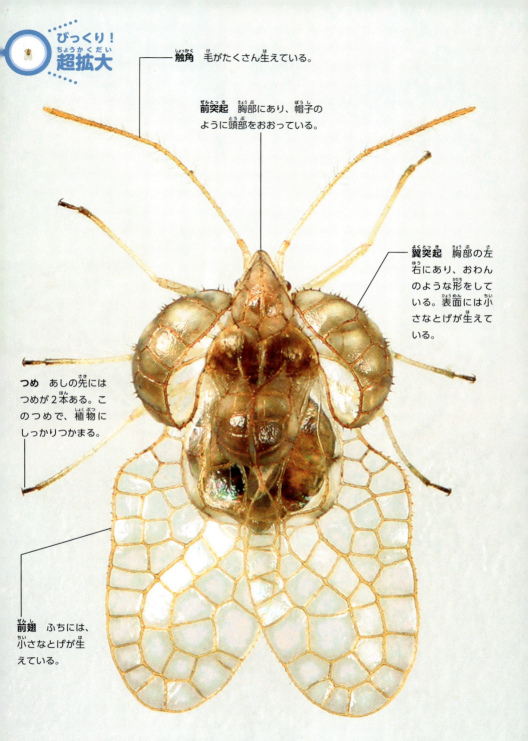

草や地面

花のつぼみに虫こぶをつくる
ヒゲブトグンバイ

- 類 カメムシ目 グンバイムシ科
- 体 3.5～4.2mm
- 分 本州～九州

ホントの小ささ！

虫こぶがついたニガクサ
虫こぶの名前は「ニガクサツボミフクレフシ」。ヒゲブトグンバイの幼虫は、風船のように大きくふくれたつぼみの中で、汁を吸って育つ。

林縁の草地
山梨県富士河口湖町本栖高原
2015.8.18

ニガクサは、里山の水辺近くなどに生える草で、夏から初秋にかけて花を咲かせる。ニガクサの花の穂をよく見ると、花よりも大きくふくれたものがついていることがある。ちょうちんにも似たこのふくらみは、ヒゲブトグンバイの幼虫がつぼみにつくった虫こぶだ。中をあけてみれば、幼虫の姿が確認できる。

若齢幼虫 虫こぶの中には、かならず1ぴきだけ入っている。体長1.73mm。

成虫 触角がとても太い。8月ごろ、虫こぶが成長すると先端が開き、成虫はそこから脱出する。体長3.35mm。

飼育個体 2015.8.30

幼虫は、ニガクサのほか、イヌコウジュ、シモバシラ、ツルニガクサなどにも虫こぶをつくる。

38

草や地面

クズの葉裏にすむ 眼が飛び出たカメムシ
メダカナガカメムシ

- 類 カメムシ目メダカナガカメムシ科
- 体 2.5mm前後
- 分 本州～南西諸島

クズの葉裏にむらがる成虫
葉の表面にある無数の白い点々は、メダカナガカメムシが汁を吸ったあと。白点が増えると、葉が白っぽく見えるようになる。

ホントの小ささ！

土手の一角　埼玉県さいたま市桜区　2015.8.9

クズの葉の表面がちょっと白っぽいなぁ、と感じたら、葉裏をそっとのぞいてみよう。黒い点のように見える小さな虫がたくさんついていたら、それがメダカナガカメムシ。複眼が左右に飛び出たユニークな顔のカメムシだ。クズ以外にもいろいろなマメ科植物の葉で見られ、畑のダイズやアズキで発生することもある。

複眼　短い柄の先についている。

畑　埼玉県越谷市　2014.6.5

成虫　畑のダイズ（エダマメ）の葉で撮影した。

林縁　越谷市平方自然観察林　2015.7.30
若齢幼虫　体にとげがある。体長1.12mm。

卵
ふたが3つに割れて幼虫が出てくる。長さ0.69mm。

ふた

林縁　越谷市　2015.7.30

卵は、クズの葉裏に1卵ずつ産みつけられている。白くてめだつので、注意すればかんたんにみつかる。

草や地面

幼虫は葉の中で育つ
クズノチビタマムシ

類	コウチュウ目 タマムシ科
体	3〜4mm
分	北海道〜屋久島

ホントの小ささ！

マイン内の幼虫 マインをみつけたら葉を日光に透かして見てみよう。見ている前でも盛んに食べるようすが観察できる。

林縁　茨城県坂東市　2009.7.18

マイン 似たマインをつくるガやハエもいるが、幼虫をよく観察すれば区別ができる。

幼虫 マイン内ではふつう、腹側を上にした状態で葉を食べる。体長8.3mm。

クズの葉の一部が枯れたようになっていたら、それはクズノチビタマムシの幼虫の食痕である可能性が高い。春、葉に産みつけられた卵がふ化すると、幼虫は葉の中にもぐりこみ、内部を食べて成長する。食痕は、葉の表裏の薄皮を残した袋状になっていて、中に幼虫が入っている。こうした食痕を「マイン」とよぶ。

林縁　坂東市　2009.7.18

蛹 つやのある褐色の蛹で、まったく動かない。体長4.3mm。

クズノチビタマムシは、幼虫も成虫もクズの葉だけを食べる。

40

びっくり！超拡大

触角
つけ根の2節が太い。

頭部
頭部と前胸は金色の短毛でおおわれている。

前胸
昆虫の胸部は、前胸・中胸・後胸の3つの部分に分かれている。

上翅（前翅）
黒色で、紫色や青色をおびることもある。白い短毛による波状の模様がある。

それぞれのあしの先には2本のつめがある。

成虫は葉のはしっこから食べる

成虫は、クズの葉に集まり葉を食べる。そのギザギザに曲がった独特の食痕があれば、かならず近くに成虫の姿があるはずだ。

成虫の食痕

葉を食べる成虫
成虫は初夏から秋にかけて、クズの新しい葉をさかんに食べる。

林縁　坂東市　2013.7.4

チビタマムシ属のなかまは、日本に20種いる。最大種は、シナノキチビタマムシで体長5.2mm。

41

草や地面

幼虫と蛹がかっこいい！
ヨツボシテントウダマシ

類	コウチュウ目 テントウダマシ科
体	4.5〜5mm
分	本州〜九州、石垣島

ホントの小ささ！

ギシギシの花粉を食べる幼虫
梅雨の時期や曇りの日などは、葉の上で花粉を食べているのを見かける。体長4.8mm。

河川敷　埼玉県越谷市　2015.7.7

河川敷　茨城県坂東市　2009.6.22

蛹　積みわらの下でみつかった。中空の枯れ草の茎の中で蛹化していることが多い。体長4.5mm。

田んぼのあぜや河川敷などにふつうに見られる甲虫で、幼虫と蛹が変わった姿をしている。とても身近な種なので、ぜひさがしてみてほしい。幼虫は、積みわらの下や草の根ぎわにひそみ、湿度の高い日は草にのぼってくる。枯れ草の下や、刈った草が積んであったら、その中をさがしてみよう。赤と黒の成虫はテントウムシに似て美しい。

河川敷　越谷市　2015.7.7

イネ科植物にとまる成虫　成虫は一年じゅう見られ、冬は石の下で越冬する。幼虫も成虫も腐った枯れ草に生えたカビを食べる。水辺の環境を好むのは、湿った環境で枯れ草が腐りやすいからだろう。

42　　テントウダマシ科のなかまは、毒や、ほかの生物がきらう物質をもち、成虫ははでな色彩のものが多い。

水滴幼虫
アワクビボソハムシ

類	コウチュウ目ハムシ科
体	2.8～3.1mm
分	本州～九州

草や地面

ホントの小ささ！

メヒシバの葉の上の幼虫
葉の上にはねた泥水と区別がつかない。幼虫は1ぴきずつでいて、集団はつくらない。

ハンノキ林　千葉県野田市三ツ堀里山自然園　2015.8.7

終齢幼虫　ふんと水滴を取りのぞいたところ。体長4.3mm。成熟すると地表におりて、白い泡状のまゆをつくり、その中で蛹になる。

ハンノキ林
三ツ堀里山自然園
2015.8.7

若齢幼虫と食痕　幼虫は表皮をはぎ取るように食べ、その食痕は白い線状になる。

あぜや湿地、川辺の林の周辺の草地にメヒシバやエノコログサが生えていたら、葉っぱをよく見てみよう。白線状の食痕があれば、そこにはクビボソハムシのなかまがいる。草の根ぎわなどで越冬していた成虫は、4月ごろに現れて交尾・産卵し、まもなく幼虫が見られるようになる。幼虫は背中にふん入りの水滴を背負っていて、まるで葉の上にはねた泥水のように見える。

食痕
前に歩きながら食べるので線状になる。

飼育個体　2015.9.11

成虫　飼育した成虫をメヒシバの葉にのせたら、さっそく食べはじめた。成虫の食痕も白線状だが、幼虫とはちがって葉裏まで穴があくことが多い。

エノコログサなどには、幼虫がよく似たセスジクビボソハムシや、キアシクビボソハムシもつく。

草や地面

ササの葉っぱが白線だらけ！
ヒロアシタマノミハムシ

類	コウチュウ目 ハムシ科
体	2.3～2.8mm
分	北海道～九州

ホントの小ささ！

白い線だらけのササの葉
見渡すかぎりのササの葉に、白い線がたくさんついていた。

ブナ林　群馬県前橋市赤城山　2015.8.3

ブナ林　栃木県鹿沼市古峰ヶ原高原　2016.7.1

葉の上の成虫たち　黒色や赤褐色の個体、胸部のみ赤褐色の個体などがいる。

黒色の成虫　カニのように横に歩きながら、葉の表面をかじっている。

赤褐色の成虫
写真を撮っていたらふんをした。

夏に赤城山へ行ったら、ブナ林の中に生えるササの葉に無数の白い線がついていた。葉の上をよく見ると、ここにもあそこにも小さなハムシ。せっせと葉を食べて白い線をつけている。図鑑で調べたら、ヒロアシタマノミハムシであることがわかった。ぼくは幼虫の姿が見たいので、それ以来気をつけて見ているが、まだ出会えない。図鑑には食草がチシマザサとあるだけで、生態についてはなにも書かれていなかった。

タマノミハムシ属のなかまは、日本で20種ほどが知られている。

小さなハムシ図鑑 _類 コウチュウ目ハムシ科

日本には約800種のハムシが知られている。体長5mm前後の小さな種が多いが、ここでは、もっと小さなハムシたちを紹介しよう。どの種も身近な場所でくらしている。

畑　埼玉県越谷市
2014.6.8

公園
山梨県身延町下部温泉
2008.4.22

キスジノミハムシ　アブラナ科の野菜の害虫として知られる種で、畑やその周辺でよくみつかる。
体 2〜2.5mm　分 北海道〜南西諸島

ツツジコブハムシ　ツツジの植えこみにいる。ムシクソハムシ（p.98）と同じ属のハムシ。
体 2.8〜3.4mm　分 本州、九州

畑　越谷市
2014.6.10

林縁の草地
茨城県坂東市
2015.9.4

フタスジヒメハムシ　ダイズの害虫として有名。ダイズの花を食べていた。体 3〜3.4mm
分 本州〜沖永良部島

ダイコンサルハムシ　成虫は4月から11月、土手や畑のアブラナ科植物の葉の上でみつかる。
体 3.3〜4.2mm　分 本州〜沖縄島

草地　埼玉県越谷市
2014.6.8

林縁
埼玉県さいたま市緑区
2015.8.15

ホタルハムシ
河川敷など草地に生息し、畑ではマメ類の害虫としても知られる。
体 3.2〜3.6mm
分 本州〜屋久島

アサトビハムシ
関東の平野部では早春から秋まで、林縁などに生えたカナムグラの葉の上でみつかる。
体 2〜2.5mm
分 北海道〜九州

日本在来のハムシのなかでは、体長15mmに達するオオルリハムシが最大。

草や地面

小さくてもちゃんと「ゆりかご」をつくる！
カシルリオトシブミ

- 類 コウチュウ目オトシブミ科
- 体 3.2～4.5mm
- 分 本州～九州

ホントの小ささ！

イタドリの葉を巻いた直後のメス
山地の林道沿いでは、よくイタドリの葉を巻いている。メスは最後の仕上げにゆりかごを切り落とすので、メスが切り取ったあとだけが葉に残る。

林縁　山梨県鳴沢村鳴沢林道　2016.6.1

カシルリオトシブミのメスは、春から初夏にかけて、イタドリやフジなどの葉で小さな樽状のゆりかごをつくるが、そのとき、ひと工夫をすることで知られている。ゆりかごづくりのとき、葉にかみ傷をつけ、腹部にたくわえたカビの胞子を植えつける。こうすることで、やがてゆりかごにカビが生え、幼虫にとって栄養満点の食べものとなる。

地面に落ちたゆりかご
長さ5.5mmほどのゆりかごの中には、卵が1個だけ産みつけられている。

ノブドウの葉を食べるオス　オスはメスより前脚が長い。夏は新しい成虫がたくさん羽化してくるため、あちこちで成虫の姿を目にする。さまざまな植物の葉を食べ、表皮をかじりとって食べる独特の食痕もよくみつかる。

林縁　茨城県坂東市　2016.7.10

ルリオトシブミ属のメスは、体内に菌類を保持し、運搬するための器官をそなえている。

つぼみの中で育つ きれいなハエ
ツマホシケブカミバエ

類	ハエ目ミバエ科
全	4～4.5mm
分	本州～九州、沖縄島

ホントの小ささ！

草や地面

成虫
前翅の先端に星のような黒い紋がある。写真は、飼育ケース内で羽化した個体を野外で撮影したもの。

飼育個体　2016.5.21

草地　千葉県野田市三ツ堀里山自然園　2016.5.21

オニタビラコ　観察すると、このような黒ずんだつぼみがみつかった。

黒ずんだつぼみをあけてみると、ツマホシケブカミバエの蛹があった。

ガの幼虫を飼育していたら、ケースの中でたくさんのツマホシケブカミバエが羽化していた。えさとして入れておいた食草のオニタビラコのつぼみを調べてみると、蛹のぬけ殻が入っている。さっそく近所でオニタビラコのつぼみを観察してみると、黒ずんだつぼみの中に蛹が入っていた。つぼみを採集して空きびんに入れてふたをしておくだけで、美しいハエが羽化してくるので、ぜひやってみてほしい。

草原や道端に咲くオニタビラコの花。

ツマホシケブカミバエの幼虫は、オニタビラコと同属のヤクシソウのつぼみでも育つという。

47

小さな幼虫図鑑

みんながよく知る中型から大型の昆虫も、1齢幼虫ではそれなりに小さい。それでもやはり、この本に登場する多くの種にくらべたら、大きいけれど……。

※この見開きの体長データは、写真の幼虫の大きさをしめしている。

ササキリの幼虫
林縁のササの上など、やや薄暗い環境にすむ。
- 類 バッタ目キリギリス科
- 体 4.68mm
- 分 本州〜南西諸島

林縁　茨城県坂東市　2015.6.24

飼育個体　2015.5.21

コカマキリの幼虫
身近な種だが、1齢幼虫は草むらにいることが多く、あまり目につかない。
- 類 カマキリ目カマキリ科
- 体 4.69mm
- 分 本州〜九州

オンブバッタの幼虫
草地にすみ、ツユクサやイノコヅチの葉を好む。
- 類 バッタ目オンブバッタ科
- 体 5.05mm
- 分 北海道〜宮古島

飼育個体　2016.5.27

48

クロゴキブリの幼虫
中国南部原産の外来種で、家屋内にふつうに生息する。
- 類 ゴキブリ目ゴキブリ科
- 体 4.42mm
- 分 北海道～南西諸島

家屋内　埼玉県越谷市　2015.8.20

アゲハ（ナミアゲハ）の幼虫
もっともふつうに見られるアゲハチョウで、庭木や鉢植えのミカン類でみつかる。
- 類 チョウ目アゲハチョウ科
- 体 3mm
- 分 北海道～南西諸島

住宅地　千葉県匝瑳市　2012.5.11

ギンヤンマの幼虫
沼や湿地のほか、人工の池やプールなどにもいる。
- 類 トンボ目ヤンマ科
- 体 2.22mm
- 分 北海道～南西諸島

飼育個体　2013.10.5

草や地面

幼虫はササの葉の中にすむ
ササハモグリバエの一種

- 類 ハエ目 ハモグリバエ科
- 体 2.2mm前後

ホントの小ささ！

アズマネザサの葉についた線状のマイン。葉の先端からつけ根に向かって伸びている。とちゅう枝分かれしているマインもあった。冬は、活動中の昆虫は少なく、マインの観察に適した季節だ。

林縁　千葉県南房総市大房岬自然公園　2016.2.24

幼虫　体長2.79mm。マインを開くと、寄生バチの幼虫に捕食されている個体も多くみつかる。

蛹　ササの葉の中に入っている。やや平たく、「小さな湯たんぽ」といった印象だ。体長2.54mm。

ササ類の葉を見ると、すじ状のマインがついているのをよく見かける。ササ類にマインをつくるのは、ハムシ類、ガ類、そしてハモグリバエ類などで、マインの形は種によってちがう。ササハモグリバエの一種は、マインのスタート地点が葉先であることが特徴だ。そんなマインを開いてみれば、ウジムシ状の幼虫や蛹がみつかるはずだ。

飼育個体　2016.3.13

成虫　真冬でもササの近くでみつかる。体長2.27mm。

ササハモグリバエのなかまは何種かいるようで、種の特定はできなかった。

カラスウリの茎にできた虫こぶで育つ
ウリウロコタマバエ

- 類 ハエ目タマバエ科
- 体 2.0mm程度
- 分 本州、九州、南西諸島

草や地面

ホントの小ささ！

茎がこぶだらけになったカラスウリ「カラスウリクキフクレフシ」は夏から初冬にかけてよく見られ、真冬も枯れた状態でみつかる。

林縁　千葉県野田市三ツ堀里山自然園　2015.9.1

こぶだらけのカラスウリの茎を見たことがある人は多いと思う。これは「カラスウリクキフクレフシ」とよばれる虫こぶで、ウリウロコタマバエによるもの。メスがカラスウリの茎に産卵すると、茎は成長とともにこぶ状にふくれて、ふ化した幼虫はこぶの内部を食べて育つ。成熟すると小さな穴をあけて脱出し、土の中で蛹化、まもなく羽化する。

林縁　三ツ堀里山自然園　2015.10.6

幼虫　茎の中心部にもぐりこんでいる。体長4.18mm。

穴　虫こぶにあいた小さな穴は幼虫の脱出孔だ。

飼育個体　2015.10.27

成虫　体長2.07mm。虫こぶを容器に入れておくと、やがて成虫が羽化する。

🌱 真冬の枯れた虫こぶの中で、ウリウロコタマバエの幼虫が越冬している。

草や地面

幼虫は野菜の葉にもぐりこむ「絵描き虫」
ナモグリバエ

類 ハエ目ハモグリバエ科
体 2mm前後
分 本州、九州

ホントの小ささ！

畑 埼玉県越谷市
2014.4.20

ハクサイの葉のマインとマイン内の幼虫
マイン内に点々とある黒い粒は幼虫のふん。体長2.04mm。

近所に畑があったら、作物の葉を見てほしい。さまざまな野菜の葉に白い線状の模様がついているはず。この模様をつけた犯人は、ナモグリバエの幼虫だ。ふ化した幼虫は、葉の中身を食べて育ち、マインは白い線状となる。こうしたマインを残すものは「絵描き虫」とよばれる。成虫は3〜11月に見られ、春と秋に個体数が多い。幼虫も春と秋によくみつかる。

畑 越谷市
2014.4.27

サヤエンドウの葉のマインとマイン内の蛹
幼虫は、葉の内部に蛹室をつくって蛹化する。蛹化直後の蛹は白っぽいが、やがて黒くなり、外からでも透けて見えるようになる。体長は2.3mm。下の写真はマインを切って中を見てみたところ。

畑には、トマトハモグリバエ（トマトなどにつく）や、ネギハモグリバエ（ネギにつく）などの絵描き虫もいる。

変わった食事法

メスは、産卵管（卵を産むための管）を葉に刺して穴をあけ、にじみ出てきた汁をなめる。このような行動をするのはメスだけで、出てきた汁はオスもなめる。卵を産むための器官を食事のためにも使うなんて、どうやって思いついたんだろうか。

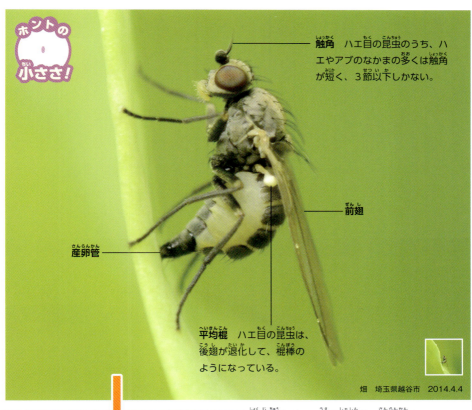

触角　ハエ目の昆虫のうち、ハエやアブのなかまの多くは触角が短く、3節以下しかない。

前翅

産卵管

平均棍　ハエ目の昆虫は、後翅が退化して、棍棒のようになっている。

畑　埼玉県越谷市　2014.4.4

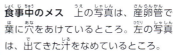

食事中のメス　上の写真は、産卵管で葉に穴をあけているところ。左の写真は、出てきた汁をなめているところ。

シュンギクの葉に残る食痕
点状で、産卵した部分とは区別できない。

メスは葉の上を少しずつ移動しながら汁を吸い、その合間に産卵もする。

小さくて きれいなハエ図鑑 類 ハエ目

ハエ目は、コウチュウ目、チョウ目、ハチ目についで種数が多い目で、美しい種がたくさんいる。ただし研究者が少ないためか、近所でふつうに見られる種であっても、名前のついていない種がとても多い。また名前があっても、ぼくには名前が確定できない種も多かった。

林縁　埼玉県所沢市
2015.10.10

シモフリシマバエ　草地や林縁の葉の上にふつうに見られる。　類 シマバエ科
全 5mm前後　分 北海道〜九州

林縁　所沢市
2015.10.10

ディクロアシマバエ　夏に出現し、林縁の草などにいる。　類 シマバエ科　全 3mm前後
分 北海道、本州、屋久島

草地　埼玉県越谷市
2015.7.7

ウデゲヒメホソアシナガバエ
土手の草地にたくさんいた。
類 アシナガバエ科　体 3mm前後　分 本州

土手の草地
越谷市
2016.6.12

ヘリグロヒメハナバエ　イネ科植物の葉にたくさんいた。前翅の黒っぽい縁どりが特徴。
類 イエバエ科　全 3.63mm
分 本州〜八重山諸島

林縁　長野県上田市　2016.6.12

ユミトリハマダラミバエ
林縁の葉の上にいた。
類 ミバエ科　体 5.15mm　分 本州、四国

湖畔　群馬県赤城山
2015.8.4

ツヤホソバエ科の一種
イタドリの花の周辺にたくさんいた。
類 ツヤホソバエ科　全 3.42mm

54　🌱 ディクロアシマバエは、まだ和名がないため、学名の種小名（p.139）「*dichroa*」から名づけてみた。

幼虫はサルトリイバラの葉を茶色くする
サルトリイバラシロハモグリ

類	チョウ目ハモグリガ科
全	4mmほど
分	本州、九州

草や地面

幼虫に食害されたサルトリイバラの葉
茶色い部分がマイン。数ひきの幼虫が食い入ると、マインはたがいにくっついて大きくなる。

林縁　千葉県印西市　2015.10.19

ホントの小ささ！

幼虫 体形はほぼ円筒形。体長5.8mm。マインの中にふんをためる。成熟するとマインを出て、葉裏などでまゆをつくる。

林縁でよく見かけるサルトリイバラ。葉の表面が茶色く枯れたようになっていたら、それはサルトリイバラシロハモグリの幼虫のマインで、中で幼虫が育っている。葉を裏返してみれば、白くてH字形をした絹糸の束でおおわれたまゆもみつかるだろう。手のこんだ、まるでベッドのようなまゆの中心部には、蛹が収まっている。

林縁　神奈川県三浦市城ヶ島公園　2016.6.6

まゆ H字形の中心にある紡錘形のところに蛹が収まっている。まゆは、マインがない葉の裏についていることもある。冬は枯れた葉裏についていて、蛹化しないで幼虫で越冬する。

飼育個体
2016.6.7

成虫
5月下旬から10月にかけて年3回以上発生する。全長4.16mm。

🌱 ハモグリガ科のなかまは、日本で20種が知られている。

草や地面

幼虫が葉っぱをぼろぼろにする！

ヤブミョウガ
スゴモリキバガ

- **類** チョウ目ホソキバガ科
- **体** 4.5mm前後
- **分** 本州

ホントの
小ささ！

ヤブミョウガは、雑木林の湿った林縁などに群生する植物で、東京23区内の公園でも生えている。その葉を見ると、初夏の芽生えのときをのぞいて、たいてい葉脈の両側が透けたようになっている。これは、ヤブミョウガスゴモリキバガという美しいガの幼虫が葉を裏側から食べたあとである。

食痕だらけのヤブミョウガ
高さ1mにもなる、なかなか堂々とした草で、小さなガの幼虫に葉を食べられても平気で実をつけている。

林縁 埼玉県熊谷市大麻生公園 2015.11.4

56

葉の表側 細長いチューブ状の巣。巣の片側（写真右側）は、葉裏につながっている。

葉の裏側 テント状の幕を張り、ふんをつけている。葉に穴があって、表のチューブ状の巣とつながっている。

越冬用の巣内の終齢幼虫 秋はテントの中に半透明の越冬用の巣をつくって、中にひそんでいる。体長5.35mm。

幼虫は葉裏にテント状に糸を張り、外側にふんをつけて、その中にひそんで葉を食べ、表皮だけを残す。テント内部には非常口の穴がつくってある。穴は葉の表につくられた細長いチューブ状の巣につながっていて、幼虫は危険がせまると、その穴に逃げこむ。チューブ状の巣は、幼虫の避難場所だ。こうした巣にこもる習性によって、ユニークな和名がつけられた。

林縁　大麻生公園 2016.2.6

地面に落ちた葉 枯れた葉の表にはチューブ状の巣がついたままで、その裏側につくられた越冬用の巣の中に幼虫はいる。幼虫は春に蛹化し、羽化する。

ホントの小ささ！

葉裏にとまる成虫
飛んでいた成虫は、葉の表に着地するとしばらく歩きまわり、葉裏にまわりこんで静止する。ヤブミョウガのまわりにたくさん飛んでいるので、みつけたら、葉裏にまわりこんだのを確認して、のぞいてみよう。

林縁　大麻生公園　2016.5.28

ヤブミョウガはツユクサ科の植物。ヤブミョウガスゴモリキバガの幼虫がツユクサを利用することもあるという。

草や地面

もしかしたら新種発見!?
シダシロコガ

類 チョウ目アトヒゲコガ科
体 2.7～3.5mm

ホントの小ささ！

成虫
はねをV字形に開いてとまる。体長2.73mm。まるでジェット機のような姿は、小さいけれどかっこいい。

山地　埼玉県飯能市　2015.8.23

葉を食べる終齢幼虫
シダの葉裏でたくさんみつかった。体長4.28mm。体は葉と同じ黄緑色で、白い毛におおわれている。幼虫は葉裏から、はぎ取るようにして葉を食べ、表皮だけを残す。

まゆと中の蛹　まゆも、シダの葉裏でいくつかみつかった。まゆは網目状で長さ4.68mm、中に淡黄色の蛹が収まっている。蛹は体長3.6mm。

低山の林道沿いにあるヒメワラビの群落に、白い小さなガがたくさんいた。図鑑で調べると、まだ名前がつけられていない種のようだった。小さな昆虫は、名前のない種（未記載種）がたくさんいて、素人でも注意ぶかくさがせば、「新種」を発見するチャンスがある。これは夢のあることだ。ぼくは、このガを「シダシロコガ」とよぶことにした。でも、新種を報告する正式な論文を書くのは、ぼくにはむり。だれか、ちゃんとした名前をつけてくれないかな。

ヒメワラビの群落

未記載種は、種の特徴をしめし、規則に従って学名をつけた論文を発表して、はじめて認められる。

カナムグラの葉の上でダンスを踊るガ
カラムシカザリバ

類	チョウ目カザリバガ科
全	4～4.5mm
分	北海道～沖縄島

ホントの小ささ！

成虫
はねの銀色の鱗粉は見る角度によって青色やピンク色の光を放つ。葉の上では美しいガだが、飛んでいると、カのように見える。

林縁　埼玉県さいたま市見沼氷川公園　2015.8.30

カナムグラの葉に残る白い線状の食痕は、カラムシカザリバの幼虫のもの。都市近郊でもふつうに生息するが、ヨツスジヒメシンクイ（p.63）とくらべるとちょっと少ないような気がする。ただし、葉に残る白線を目印にさがせば、美しく細長いガがみつかるはずだ。このガには、葉の上でくるくると円を描くようなダンスを踊るという、おもしろい習性がある。

カナムグラの葉の白線状のマイン
意外にめだつので、成虫をさがす手がかりになる。

絹糸で補強された避難場所

林縁　見沼氷川公園　2016.6.25

マインとマイン内の幼虫
マインは葉の主脈に沿って走り、そこから枝を伸ばしている。絹糸で補強された部分があり、幼虫は危険を感じるとそこに避難する。マイン内にふんはない。幼虫の体長は4.27mm。蛹化が近くなると体が赤紫色になり、縦のすじが現れる。

カザリバ属のなかまは日本に49種もいて、外見がたがいによく似ているので、見分けるのはむずかしい。

草や地面

幼虫が葉っぱに「ベル」をつくる
タデキボシホソガ

類	チョウ目ホソガ科
全	4.5mm前後
分	北海道、本州、九州

ホントの小ささ！

ギシギシの葉を巻いた終齢幼虫の巣
巣は4齢以降の幼虫がつくり、巣の中で葉を食べ、蛹化する。巣はギシギシのほか、スイバやタデ類など、タデ科の葉でみつかる。

草地　千葉県野田市三ツ堀里山自然園　2015.9.1

土手や空き地に生えるギシギシは、葉を食べる昆虫にとても人気がある植物で、ハムシやチョウ、ハバチの幼虫などがよくみつかる。そんなギシギシの葉のふちが細長く切りとられて、くるくると巻かれていることがある。それは、タデキボシホソガの幼虫がつくった巣で、まるで小さな「ベル」がぶら下がっているように見える。

ギシギシ　葉は大きく、長さ20cmを超えることもある。円内に「ベル」が見える。

土手の草地　埼玉県越谷市　2015.7.26

巣の中の蛹
蛹は淡い黄色で、やわらかい紡錘形のまゆの中に収まっている。蛹は体長3.5mmほど。持ち帰れば4、5日以内に成虫が羽化してくるだろう。

60　🌱 ホソガ科の幼虫の飼育はかんたんで、シャーレなどにマユを入れておけば、やがて成虫が羽化してくる。

幼虫は葉の中身を食べる

若齢幼虫は葉の内部にもぐりこみ、中身を食べて育つ。2齢幼虫まではあしがなく、平らな体形で、丸のこのような形をした大あごで葉の細胞を切り、わき出した汁を吸う。3齢にはあしがあり、大あごは葉をかむ形に変わる。4齢になると、外に出て「ベル」をつくる。

土手の草地　埼玉県越谷市　2015.8.15

マイン内の若齢幼虫　体長2.2mm。体が半透明で、腸の内容物が黒く透けて見える。

若齢幼虫のマイン
葉の裏側から見たところ。

成虫（夏型）　ホソガのグループは静止するとき、上体を起こして後脚を腹部の側面につけ、中脚と前脚でふんばる独特の姿勢をとる。

飼育個体　2015.8.10

草や地面

タデキボシホソガには夏型と秋型が知られていて、秋型は前翅の黄白紋が消失するか、小さくなる。

草や地面

幼虫はクズの葉に星の絵を描く
クズマダラホソガ

類	チョウ目ホソガ科
全	3.5mm前後
分	北海道、本州、九州

ホントの小ささ！

クズの葉のマイン
写真のように白っぽい色なら幼虫が入っている。幼虫が脱出したあとのマインは少し黄ばんだ色になっていることが多い。

林縁　千葉県野田市三ツ堀里山自然園　2015.8.7

撮影中に幼虫が出したふん。本来は巣の外にふんをする。

マイン内の終齢幼虫　体長3.2mm。マインの中央部は、絹糸で円形に補強されていて、幼虫の避難場所になっている。

クズの葉に星のような模様があるのを見たことがある人は多いと思う。その模様は、クズマダラホソガの幼虫が葉の中身を食べたマインで、中には幼虫が入っている。幼虫の形は一見、同じクズの葉にマインをつくるクズノチビタマムシ（p.40）の幼虫と似ている。甲虫でもガでも、マインにひそむには平たい体が最適なのだろう。

林縁　埼玉県さいたま市　2015.8.15

まゆと中の蛹　蛹の体長3.28mm。成熟した幼虫は葉の外へ出て、ふつう葉裏の葉脈付近に薄いまゆをつくって蛹になる。

飼育個体　2015.8.20

成虫　葉裏にとまることが多いためか、野外ではほとんど目にしない。「まだら」というより、しま模様だ。

成虫を見たかったら、マインをとってきてシャーレに入れておこう。まもなく蛹化し、羽化してくる。

草や地面

カナムグラの茂みで小さなガをさがそう
ヨツスジヒメシンクイ

類 チョウ目ハマキガ科
全 5.5〜6.5mm
分 北海道〜九州

ホントの小ささ！

成虫
成虫は5〜6月と8月に出現する。カナムグラが生えていれば、たいてい見られる。

林縁 茨城県坂東市 2016.6.5

カナムグラの群落があったら、かならずといっていいほどみつかる小さなガ。前翅に4本のすじが入った、なかなかおしゃれなデザインだ。茎をよく観察すると、小さな虫こぶもみつかるだろう。これは、ヨツスジヒメシンクイの幼虫がつくった虫こぶで「カナムグラクキツトフシ」とよばれている。幼虫は虫こぶの内部を食べて成長し、やがて、虫こぶ内で蛹になる。

ふん
絹糸でつづられている。

林縁 茨城県坂東市 2015.6.24

カナムグラ アサ科のつる性植物。道端や荒れ地にふつうに見られる。茎から葉柄にかけてとげがあり、いろいろな植物にからみつくことができる。

虫こぶ(上)と中の幼虫(下) 卵は葉裏に産みつけられ、ふ化した幼虫は葉脈に食い入る。4、5日後に茎に食い入ると、つるがふくれて虫こぶになる。

🌱 カナムグラの茎には、ゾウムシの幼虫の虫こぶもあった。飼育中に死んでしまい、種は確認できなかった。　63

小さくて きれいなガ図鑑 類 チョウ目

小さなガを撮影して拡大してみると、こんなにもきれいだったのかと、おどろくことがある。そんな小さな「美麗蛾」を集めて紹介する。

ヘリグロホソハマキモドキ

メダケ群落のわきの草地に、たくさんいたのを撮影した。幼虫はみつかっていない。

類 ホソハマキモドキガ科
全 6.5mm前後
分 北海道～九州

草地 千葉県市原市 2016.4.12

ベニモンマイコモドキ

昼間、日当たりのよい林縁の葉の上にいる。日本では幼虫はみつかっていないが、海外ではスミレ科を食べるという。

類 カザリバガ科
全 6.3mm前後
分 本州、九州

林縁 埼玉県所沢市 2016.5.20

チヂミザサクサモグリガ

林縁 長野県上田市 2016.5.16

葉の上にいて、静止前にくるくる回転する。 類 クサモグリガ科
全 3.5mm前後 分 本州～九州、奄美大島、沖縄島

コハモグリ属の一種

林縁 埼玉県さいたま市秋ヶ瀬公園 2015.10.26

このなかまは40種以上いて、どれもよく似ているため、写真では名前はわからない。 類 ホソガ科 全 3.15mm

ダイズギンモンハモグリ

林縁 埼玉県越谷市平方自然観察林 2015.12.6

幼虫がクズの葉を食べる。冬、常緑樹の葉裏に静止しているのを見かける。 類 ハモグリガ科
全 3.9mm前後 分 本州、九州、沖縄島

イノコズチキバガ

飼育個体 2016.1.24

イノコズチで幼虫が育つ。埼玉県秋ヶ瀬公園で採集した幼虫を羽化させたもの。 類 キバガ科
全 4.5mm前後 分 本州～九州

小さなガには、幼虫がみつかっていない種も多い。そのような種の幼虫をさがすのも、おもしろそうだ。

日本でいちばん小さなコオロギ

アリの巣にすむ昆虫は「好蟻性昆虫」とよばれる。アリヅカコオロギのなかまも、そんな好蟻性の種だ。このなかまは日本に10種いて、アリの幼虫やアリが運びこんだ昆虫の死がいなどを食べている。最小種はサトアリヅカコオロギで、体長は2mmに満たない。日当たりのよい河原の草地などで、石の下に巣をつくるトビイロシワアリの巣の中からよくみつかり、東京湾野鳥公園など、都市近郊でも記録がある。めずらしい虫ではなく、小さすぎて注目されないだけである。

河原
埼玉県熊谷市荒川大麻生公園
2013.10.27

サトアリヅカコオロギ
- 類 バッタ目アリヅカコオロギ科
- 体 1.7〜1.9mm
- 分 本州〜九州

まるで甲虫！ 全身がメタリックブルーのハエ

ハムシに似たハエがいる、といっても、実物を見たことがなければ想像はつかないだろう。ぼくも同じだった。2002年12月、マレーシアのランカウイ島の熱帯雨林を歩いていたら、刈られてしおれたつる植物の葉に、小さな虫がふわっととまった。ハムシかと思ってよく見たら、顔がハエだった。体は丸いし、色は青のメタリック、こんなハエは見たことがなかった。丸い部分は小楯板で、はねはマルカメムシ（p.78）と同じように小楯板の下にかくれている。刈られた植物でみつかったのは、幼虫が腐った植物を食べるかららしい。とにかく奇妙なハエだった。2016年11月、久しぶりにランカウイ島を訪れた。刈られて道沿いに積まれた植物を見れば、青メタリックの丸いハエがとまっているではないか。じつに14年ぶりの再会。とてもなつかしかった。

林縁　ランカウイ島　2016.11.25

ネッタイハムシバエ
- 類 ハエ目ヨロイバエ科
- 体 6mm前後
- 分 インド東部〜ベトナム

木の幹や葉にいる小さな虫

小さな虫にとって木は小宇宙といっていい。種によっては小枝1本、葉っぱ1枚あれば、成虫まで育つのにじゅうぶんな食べ物となる。アブラムシやキジラミ類などは1枚の葉にものすごい数のコロニーをつくる。1枚でこれだけいるのだから、1本の木にはいったいどれだけの種や数の小さな虫がいるのだろう。考えただけでわくわくしてくる……。

→98ページ

→85ページ

→92ページ

→109ページ

→86ページ

初夏の雑木林
クヌギやサクラなどの高木、エゴノキ、ムラサキシキブ、ヌルデなどの低木、フジなどのつる植物……多くの種類の植物が生える林ほど、たくさんの虫がみつかる。

郵 便 は が き

料金受取人払郵便

牛込局承認

8554

差出有効期間
2018年11月30日
（期間後は切手を
おはりください。）

162-8790

東京都新宿区市谷砂土原町 3-5

偕成社 愛読者係 行

‖‖‖

〒 □□□ － □□□□		都・道 府・県
フリガナ		
フリガナ		お電話
		★目録の送付を [希望する・希望しない]

ールアドレス　※新刊案内をご希望の方はご記入ください。メールマガジンを配信します。

@

本のご注文はこちらのはがきをご利用ください

E文の本は、宅急便により、代金引換にて 1 週間前後でお手元にお届けいたします。

D配達時に、【合計定価（税込）＋ 代引手数料 300 円 ＋ 送料（合計定価 1500 円以

無料、1500 円未満は 300 円）】を現金でお支払いください。

	本体 価	円	冊 数	冊
	本体 価	円	冊 数	冊
	本体 価	円	冊 数	冊

社 TEL 03-3260-3221 ／ FAX 03-3260-3222 ／ E-mail sales@kaiseisha.co.jp

入いただいた個人情報は、お問い合わせへのお返事、ご注文品の発送、目録の送付、新刊・企画な
案内以外の目的には使用いたしません。

★ ご愛読ありがとうございます ★
今後の出版の参考のため、皆さまのご意見・ご感想をお聞かせください。

●この本の書名『　　　　　　　　　　　　　　　　　　　　　　　　　　　　　　』

●ご年齢（読者がお子さまの場合はお子さまの年齢）　　　　　　　歳（　男　・　女　）

●この本のことは、何でお知りになりましたか？
1. 書店　2. 広告　3. 書評・記事　4. 人の紹介　5. 図書室・図書館　6. カタログ
7. ウェブサイト　8. SNS　9. その他（　　　　　　　　　　　　　　　　　　　　）

●ご感想・ご意見・作者へのメッセージなど。

ご記入のご感想を、匿名で書籍の PR やウェブサイトの
感想欄などに使用させていただいてもよろしいですか？　〔 はい ・ いいえ 〕

●新刊案内の送付をご希望の方へ：恐れ入りますが、新刊案内はメールマガジンで対応しております。ご希望の方は、このはがきの表面にメールアドレスのご記入をお願いいたします。

＊ ご協力ありがとうございました ＊

オフィシャルサイト
偕成社ホームページ
http://www.kaiseisha.co.jp/

偕成社ウェブマガジン
kaisei web
http://kaiseiweb.kaiseisha.co.jp/

木の幹や葉

公園木・埼玉県さいたま市桜区さくら草公園
2015.12.26

虫こぶだらけのクヌギ 枝先についているいが状の虫こぶは、数個の虫こぶが寄り集まってできている。写真に写っているだけでも、かなりの数になる。これをつくったのは、112ページで紹介するクヌギエダイガタマバチという小さな虫だ。

木の幹や葉で小さな虫をさがす コツ

● **いろいろな種類の木をさがす**
　草の種類によって集まる虫がちがうように、木の種類によっても集まる虫がちがう。いろいろな木でさがしてみよう。

● **木の幹をよく見る**
　幹には凹凸や亀裂があり、そのすき間にも虫はかくれている。樹皮がはがれやすい木では、樹皮の下もさがしてみよう。また、幹にはコケなどが、朽ちた木にはキノコも生えていて、それらを食べる虫もみつかるだろう。

● **葉の裏をさがす**
　葉裏にかくれている虫は少なくないし、葉脈の角にぴったり張りついている虫もいる。

● **冬に常緑樹でさがす**
　冬に落葉樹の葉が落ちてしまうと、一年じゅう葉をつけている常緑樹の葉に虫が集まってくる。チャタテムシやキジラミ、シロコナカゲロウなど、冬にたくさんみつかる小さな虫もいる。

茨城県古河市
2006.5.15

木の幹や葉

朽ち木を分解して ゆたかな土をつくる
ヤマトシロアリ

類 シロアリ目 ミゾガシラシロアリ科
体 4.5〜7.5mm
分 北海道〜南西諸島

ホントの小ささ！

ニンフ（擬蛹） やがて成虫になって飛びたつ。

兵シロアリ 強力な大あごをもち、巣を守る役目をもつ。

働きシロアリ 卵の管理、巣の補修など、巣内のさまざまな仕事を担当する。

朽ちたアカマツの樹皮の下のコロニー　朽ち木を食べるシロアリにとって、朽ちたアカマツは、「お菓子の家」といったところだろう。

雑木林　山梨県身延町　2007.4.27

シロアリは、名前が「アリ」で、家族で役割分担をしてくらすところもハチのなかまのアリと同じだけれど、アリとはまったくちがうグループの昆虫だ。シロアリのコロニーには、ふつう王（オス）と女王（メス）がいて、働いているのは育った幼虫たち。家屋の害虫としてきらわれているが、自然のなかでは、朽ち木を食べて分解し、ゆたかな土をつくるという重要な働きをしている。

卵 長さ0.8mm。卵は働きシロアリによって女王の部屋から別室に運ばれ、積みあげられる。「ターマイトボール」という淡褐色をした菌類がまじることが多い。働きシロアリが、卵だと思って巣内に運んできたものだ。

雑木林　茨城県坂東市　2011.10.23

朽ちたアカマツ 樹皮をはがしたら、多数のヤマトシロアリがみつかった。樹種は選ばないが、乾燥をきらうため、湿った朽ち木内にいる。

ターマイトボールは、ヤマトシロアリの巣内に寄生する菌類（キノコやカビのなかま）。

盛大な結婚式！？

年に一度、4～6月の晴れた日の午前中に、オスの成虫（新王）とメスの成虫（新女王）が「結婚飛行」へ飛びたっていく。群れ飛ぶなかでペアになり、地上におりると、はねを落としてすみかをさがし、交尾・産卵をはじめる。

雑木林　新潟県佐渡市　2010.6.12

結婚飛行のために巣から出てきた成虫　昔は、木造家屋からもよく発生した。

小さな虫がつくる巨大な建造物

シロアリの巣は、想像を超えるサイズになることもある。オーストラリアに生息する「聖堂シロアリ」とよばれる種の巣には高さ6mに達するものも。一つとして同じ形のものはないので見ごたえがあり、観光客に人気がある。

ダーウィン郊外　2001.1.13

聖堂シロアリの巣と著者　オーストラリア北部、ダーウィン郊外には、こうした巣がいくらでもある。写真の巣は高さ4mほど。崩すと中には無数の小部屋があり、ほぼ同じ長さに切りそろえられた大量の植物の茎が収まっている。

🌱 最近は、シロアリ目をゴキブリ目にふくめる研究者もいる。

木の幹や葉

長く伸びたひもがかっこいい冬のアイドル
トゲキジラミ

- 類 カメムシ目 キジラミ科
- 全 2.2mm前後
- 分 本州〜九州

ホントの小ささ！

長いひもが伸びた成虫
白いひもはろう物質で、成虫が動きまわると、すぐに切れてしまう。切れていない個体を見つけるとうれしい。

雑木林　埼玉県さいたま市秋ヶ瀬公園　2016.1.23

　トゲキジラミが体の何倍もの長さの白いひもを伸ばしている姿は、なかなかかっこいい。秋から春に見られ、寒いときほど長いひもをつけた成虫がみつかりやすい。小昆虫愛好者にとっては冬場の「アイドル」で、ネット上には多数の画像がならぶ。キジラミのなかまはふつう、はねを立ててとまるが、トゲキジラミは、はねを平らに開いてとまる変わり者だ。葉裏にコロニーをつくり、植物の汁を吸っている。

幼虫　さまざまな齢の幼虫が群れている。幼虫は腹部の末端から糸状のろう物質を伸ばす。終齢幼虫では半円形の翅芽がめだつ。

シロダモの葉裏のコロニー
白い糸とオレンジ色の粒が目印になる。写真のような葉をみつけたら、ルーペでのぞいてみよう。タブノキやカナクギノキなどの葉裏にも生息している。

翅芽

雑木林　秋ヶ瀬公園　2016.1.23

🌱 トゲキジラミは、1949年に日本で発見されて、名前がつけられた。

冬にみつかる小さなアンモナイト
ムネアカアワフキ

- 類 カメムシ目トゲアワフキ科
- 全 4〜5mm
- 分 本州〜九州

木の幹や葉

ホントの小ささ！

サクラの枝先についた幼虫の巣
小さいほうは若齢幼虫のときの巣で中身は空っぽ、大きいほうの巣には終齢幼虫が入っている。4月に巣を出て羽化する。

公園木　茨城県坂東市天神山公園　2016.1.16

巣から出した終齢幼虫　巣の中には、頭を枝側、腹を穴側にした状態で、細長い終齢幼虫が収まっている。体長5.14mm。動きはのろい。巣内の生活に特化していて、巣から出すと、まともに歩けない。

近所の公園や並木にサクラが植えられていたら、冬に枝先を見てほしい。小さくてかたく、らせん状の物体がついているはずだ。ぼくには古代生物のアンモナイトの殻のミニチュアにも思えるこの物体の正体は、ムネアカアワフキの幼虫がつくる巣である。幼虫が出す分泌物に石灰質がふくまれているため、こうしたじょうぶな巣ができる。幼虫は、巣内で枝から汁を吸って育つ。

公園木　天神山公園　2016.4.19

成虫　オスとメスは、胸部の色で区別できる。胸部が黒いほうがオス、胸部が赤いほうがメスである。

トゲアワフキ科のなかまは日本に2種いて、もう1種はシナノキなどにつく、タケウチトゲアワフキ。

71

木の幹や葉

夏と秋に引っこしをする
エゴノネコアシアブラムシ

類	カメムシ目アブラムシ科
体	2mm前後
分	本州〜九州

ホントの小ささ！

エゴノネコアシフシ
15mmほどの房が10個ほど集まっている。

林縁　埼玉県飯能市 2016.6.15

虫こぶの中　1、2頭のメスの成虫と、たくさんの小さな仔虫が入っている。虫こぶをあけたら成虫がかくれてしまったため、仔虫たちしか写せなかった。

初夏、エゴノキの枝先に小さなバナナの房のようにも、猫の足先のようにも見えるものがみつかる。これは、エゴノネコアシアブラムシがつくった「エゴノネコアシフシ」という虫こぶだ。「幹母」とよばれるメスが虫こぶをつくり、はねをもたないメスの仔虫を産む。その仔虫が房の中で成虫になって仔虫を産み、単為生殖によってはねをもたない世代を繰り返し、増えてゆく。

エゴノキの実
本物のエゴノキの実は、房状にはならない。

🌱 虫こぶの中のアブラムシは、さわるとちくちく刺して攻撃してくる。手にのせて体験してみよう。

成長した虫こぶ
7月になると、色はやや黄色っぽくなり、房の先端が開く。

公園木　埼玉県越谷市平方公園　2016.7.16

夏になったら草へ引っこす

7月、虫こぶの中に有翅虫（はねをもつ成虫）が現れると、まもなく房の先端が開く。有翅虫は虫こぶを出て、イネ科のアシボソへ移動し、はねをもたないメスの仔虫を産む。ここでも、はねをもたないメスの世代が何回か繰り返されて増えていく。秋になると有翅虫が現れ、ふたたびエゴノキに移動して、オスとメスの仔虫を産む。そして、成長したオスとメスが交尾・産卵し、翌年の春、幹母がふ化して虫こぶをつくる。

虫こぶ内の有翅虫
体長1.59mm、全長2.98mm。白いものは幼虫のときに体表についていたろう物質。

水辺　平方公園
2016.7.28

アシボソの葉裏のコロニー
エゴノキの虫こぶの中にいたものと同じで、はねはないが、形はずいぶんちがっている。アシボソは、田んぼのあぜや池の近くなど、やや湿った場所に生えている。

🌱 この種のように、食べる植物をとちゅうで変えることを「寄主転換」という。

木の幹や葉

葉裏に張りつくシールみたいな幼虫
ミカンコナジラミ

類	カメムシ目コナジラミ科
全	1.3〜1.6mm
分	本州〜九州

すす病で黒くなったミカンの葉
幼虫は葉裏にいて汁を吸い、甘露を排せつする。甘露が葉にふりかかると、それを栄養にしてすす病菌が繁殖し、葉に土がかぶったようになる。

庭　埼玉県越谷市　2015.12.30

ミカンの葉の裏側

ミカン類の葉裏を観察すると、なにやら小さなだ円形の物体がみつかるかもしれない。これが昆虫!? といった奇妙な形をしたものは、ミカンコナジラミの幼虫だ。いろいろな植物で見られるが、とくにミカン類が好きなようで、すす病になった葉があるミカン類でみつかることが多い。成虫や幼虫は、ミカン類やクチナシのほか、カキ、キヅタ、ネズミモチでもみつかる。

クチナシの葉にとまる成虫
白いはねをもつ。写真の下の個体で全長1.56mm。

公園木　越谷市健康福祉村　2015.9.3

🌱 コナジラミの幼虫のほか、アブラムシやカイガラムシの甘露も、すす病の原因になる。

びっくり！超拡大

幼虫 体長1.49mm。1齢幼虫はあしがあって歩くことができるが、2齢になるとあしはなくなり、葉に張りついて動かなくなる。

胸部気管孔
体内に空気を送る管の穴。コナジラミのなかまは胸部に1対ある。

管状孔
コナジラミの幼虫にはかならずある穴で、第8腹節にあり、甘露を排せつする器官のようだ。

木の幹や葉

美しいヨコバイがヌルデの葉をまっ白に！
ホシヒメヨコバイ

類	カメムシ目ヨコバイ科
全	3mm前後
分	本州～南西諸島

ホントの小ささ！

白っぽく変色したヌルデの葉
ホシヒメヨコバイの成虫や幼虫が、針のような口を葉に突きさして汁を吸うと、吸汁痕は白い小さな点になる。ホシヒメヨコバイが増えるとともに吸汁痕が増え、葉は全体に白っぽくなっていく。

林縁　茨城県坂東市　2015.9.4

ヌルデはウルシ科の植物で、雑木林や緑地公園などにふつうに生えている。葉が白っぽく変色しているものも多く、そんな葉をみつけたら裏返してみよう。飛びたつ細かい虫をルーペで拡大すれば、意外に美しいホシヒメヨコバイがみつかる。成虫のはねの模様には変異があり、ここで紹介した以外の模様をもつものもいる。たくさん観察してみよう。

林縁　埼玉県越谷市平方自然観察林　2015.8.22

成虫　写真は白っぽくて黒い紋が小さいタイプ。ホシヒメヨコバイはヌルデを好むが、ほかの植物にもいる。冬はシュロやヤツデなど、さまざまな植物の葉裏で越冬する。

林縁　千葉県野田市　2013.12.1

成虫　写真は黄色っぽくて黒い紋が発達したタイプ。

終齢幼虫　透明感があり、白と黒の毛が生えている。ヌルデの葉裏で、成虫といっしょにみつかることが多い。

林縁　平方自然観察林　2015.8.22

76　ヌルデの毒は強くないといわれるが、汁にふれるなどすると、かぶれることもあるので注意しよう。

小さなヨコバイ図鑑 類 カメムシ目ヨコバイ科

横にはうように歩くことから「ヨコバイ」とよばれる虫のグループ。危険を感じると、発達した後脚でぴょんとはねてから飛んで逃げる。美しい種が多く、昆虫写真愛好家にとっては絶好の被写体となっている。植物から吸汁し、農業害虫も少なくない。

林縁 埼玉県越谷市平方自然観察林
2014.4.13

クロヒラタヨコバイ
4～5月に公園や林などでよくみつかる。 全 4～6mm
分 本州～九州

草地
埼玉県所沢市
2015.10.10

マダラヨコバイ
メヒシバなどイネ科の雑草でふつうに見られる。 全 4mm前後
分 北海道～南西諸島

田んぼ
埼玉県
さいたま市桜区
2016.10.21

イナズマヨコバイ
イネの害虫として知られる。
全 3～5mm
分 本州～南西諸島

田んぼ
越谷市
2015.9.6

田んぼ
越谷市
2016.8.3

ツマグロヨコバイ
オス（左）ははねの先端が黒く、メス（右）は全身が草色をしている。イネの害虫として有名。
全 4～6mm
分 本州～南西諸島

林内
平方自然観察林
2015.12.30

シロヒメヨコバイ
成虫で越冬し、木の葉裏にいる。写真はヤツデの葉の裏にいたもの。
全 3mm前後 分 北海道～九州

林縁 埼玉県さいたま市見沼氷川公園 2015.8.30

アライヒシモンヨコバイ
1977年に新井裕さんが埼玉県で発見した種。
全 4～5mm 分 本州～南西諸島

ヨコバイ科には小型種が多く、国内最大種のツマグロオオヨコバイでも全長12～15mmしかない。

木の幹や葉

甲虫みたいに見える強そうなカメムシ
マルカメムシ

- 類 カメムシ目 マルカメムシ科
- 体 5mm前後
- 分 本州～トカラ列島

ホントの小ささ！

小楯板

クズのつるにとまる成虫
マルカメムシの腹部は小楯板でおおわれている。前翅と後翅は小楯板の下に折りたたまれている。

クズ群落　茨城県坂東市　2010.6.3

林縁　栃木県野木町　2006.5.15

クズのつるにむらがる成虫　クズのほか、フジやヤマハギ、畑のダイズやソラマメなどでも見られる。

草地　栃木県栃木市　2010.5.28

卵　1個の長さ1.7mm。新芽などに2列にまとめて産みつける。片側にふたがある。

春、暖かくなると、フジやクズなどマメ科植物に集まっている丸いカメムシ。大きく発達した小楯板が腹部をおおいかくしているため、一見、甲虫のように見える。5～6月に交尾をし、新しい葉やつるに産卵する。ふ化した幼虫は夏に成長し、7～8月になると新成虫が羽化する。成虫は秋になると、越冬場所となる樹皮下や落ち葉の下などを求めてマメ科植物を離れる。

クズ群落　坂東市　2010.6.3

終齢幼虫　体長5mmほど。大きさは成虫と変わらないが、淡緑色で、かなり平べったい体形をしている。

78　🌱　マルカメムシは、越冬時には、屋根裏など屋内に入ってくることもある。

大きな眼をもつ小さなハンター
オオメナガカメムシ

木の幹や葉

類	カメムシ目 オオメナガカメムシ科
体	4.3〜5.3mm
分	本州〜九州

ホントの小ささ！

小楯板

アブラムシを捕食する成虫
えものをとらえると、針のような細長い口を突きさし、汁を吸う。

コナラ林　千葉県野田市　2013.7.27

オオメナガカメムシは、大きな複眼をもったカメムシで、草地や雑木林にすんでいる。愛らしい顔に似合わず、アザミウマやアブラムシ、チョウの幼虫や卵、ダニも食べる大食漢だ。身近な種でどこにでもいるが、とくにクズの群落に多いので、さがしてみよう。どんなえものを狩っているのか、食事のメニューの内容をさぐってみるのもおもしろい。

クズ群落　茨城県坂東市　2012.10.8

ホソヘリカメムシの幼虫を食べる成虫
左右に離れた大きな複眼は、左右の眼の視野が重なる部分が大きいので視覚が立体的になり、奥行きも認識できるにちがいない。まさにハンターの眼だ。

草地　埼玉県越谷市　2015.7.11

若齢幼虫　体とあしの一部が黒色。幼虫期間は1か月ほどで、5齢幼虫をへて羽化する。

オオメナガカメムシは、「オオメカメムシ」ともよばれる。

79

木の幹や葉

21世紀に日本で発見された小さな外来昆虫
プラタナスグンバイ 外

- 類 カメムシ目 グンバイムシ科
- 全 3.5mm前後
- 分 本州〜九州

ホントの小ささ！

樹皮下の成虫
冬、プラタナスの樹皮をはぐと、越冬中の成虫がみつかる。

公園　埼玉県越谷市　2008.10.26

2001年に名古屋で発見された北アメリカ原産の外来種。近所に街路樹や公園樹として、プラタナスやイタリアポプラがあったら、葉を観察してみよう。もしも葉が白っぽくなっていたら、それはプラタナスグンバイによるもの。葉の裏側に、奇妙な形をした昆虫が張りついているはずだ。

葉がまっ白になったプラタナス　たいていのプラタナスはこのような状態なので、これがふつうと思っている人もいるかもしれない。

道路わき　越谷市　2009.7.30

葉裏の幼虫のコロニー　これだけ大量に発生すれば、葉が白くなるのもうなずけるが、枯らすことはないという。プラタナスは街路樹に多い木で、問題は葉が白くなることによる景観の悪化だが、多くの人はあまり気にしていないと思う。

外来種のプラタナスグンバイが吸汁する、プラタナスやイタリアポプラも、やはり外来の植物。

80

小さなグンバイムシ図鑑 _類 カメムシ目グンバイムシ科

相撲の行司が持っている「軍配うちわ」に似た形から、グンバイムシの名がついた。奇抜な外観をもつこの虫たちの体長がもし1cmあったら、かなりの人気者になったことだろう。

雑木林　千葉県野田市　2013.5.2

ヒメグンバイ
雑木林にすみ、コナラの葉裏でみつかる。
全 3mm　分 北海道～九州

道路沿いの植えこみ
東京都練馬区和田堀公園　2015.10.22

ツツジグンバイ
公園などに植えられたツツジ類の葉裏で、ふつうにみつかる。
全 3.3～4mm　分 本州～南西諸島

林　東京都練馬区石神井公園
2015.10.23

ヤナギグンバイ
ヤナギ類につく。写真はアキニレの樹皮の下にいたもの。
全 3mm前後　分 本州～九州

草地　埼玉県越谷市　2008.10.21

アワダチソウグンバイ _外
セイタカアワダチソウやヨモギ、ヒマワリなどでみつかる。北アメリカ原産。
全 2.5～3mm　分 本州～九州

道端　埼玉県熊谷市谷津の里　2016.5.5

エグリグンバイ
胸部の翼突起（p.37）が黒くめだつ。フキの葉裏にいる。
全 3.9～4mm　分 北海道、本州、九州

里山　茨城県坂東市　2015.7.29

ヤブガラシグンバイ
道端に生えたヤブガラシでみつかる。秋に多い。
全 3.1～3.8mm　分 本州、九州

🌱 グンバイムシ科には、決まった植物につく種が多いので、植物とセットだとおぼえやすい。

木の幹や葉

卵を守るやさしいお母さん？
ヨツモンホソチャタテ

- 類 チャタテムシ+シラミ目 ホソチャタテ科
- 体 3.5～4mm
- 分 本州、四国、九州

翅芽

林縁　平方自然観察林
2015.12.2

終齢幼虫　体長3.06mm。翅芽が長い。次の脱皮で成虫になる。

ホントの小ささ！

卵と卵のそばにいたメス
卵は数個まとめて産みつけられ、卵をおおうように糸が張ってある。メスは産卵後のしばらくのあいだ、卵を守っているのか、あるいは糸張りの途中なのか、卵のそばにとどまっている場面をよく目にする。こうした行動は、他種にも見られる。

林縁
埼玉県越谷市平方自然観察林
2016.1.6

冬の雑木林や公園の緑地で、シュロやヤツデなどの葉をめくってみよう。細長い触角をもち、はねを屋根形にたたんでとまる小さな昆虫がいたら、チャタテムシのなかまにちがいない。ヨツモンホソチャタテは、人里周辺でよくみつかる種で、淡い褐色の体をもち、透明な前翅に褐色の斑紋がある。

シュロの葉の裏側　白い点は、みんなチャタテムシの卵。ここに写っている多くの卵はヨツモンホソチャタテのものだと思う。

82　「チャタテムシ+シラミ目」を「カジリムシ目」としたり、別々に扱ったりする研究者もいる。

小さなチャタテムシ図鑑 類 チャタテムシ＋シラミ目

チャタテムシはシラミ類とともにチャタテムシ＋シラミ目に分類されている。最大で体長10mmほど、1mmに満たないコナチャタテ属などもいる。身近な昆虫で、樹皮や葉裏、枯れ葉などにすみ、花粉やカビ、小動物の死がいなどを食べている。

卵 卵塊上に薄く糸を張り、ごみでおおう。

ウスイロチャタテ属の一種
シュロやヤツデなどの葉裏にふつうに見られる。
類 ウスイロチャタテ科　全 2.8mm前後　分 本州

キモンケチャタテ　公園や雑木林の木の葉裏で、一年じゅうみつかる。類 ケチャタテ科
全 3mm前後　分 北海道、本州、九州、奄美大島

イダテンチャタテ　公園のサクラなどの樹皮にふつうに見られる。類 マルチャタテ科
体 3.3～4.7mm　分 北海道、本州、九州

コナチャタテ属の一種　枯れ木の樹皮の下にいる（写真は枯れたツバキ）。この科は家屋害虫もふくむ。野外種はほとんど研究されていない。
類 コナチャタテ科　体 1.8mm前後

ハグルマチャタテ　ヒサカキなど立ち木の葉裏にいる。類 ハグルマチャタテ科
全 4.8～5.2mm　分 北海道、本州、九州

ウロコチャタテ　立ち木の樹皮にふつうに見られる。類 ウロコチャタテ科　全 4.8mm前後
分 本州、九州

🌱 チャタテムシは、日本で100種ほどが記録されている。

木の幹や葉

ダニみたいな幼虫が まっ白な成虫に変身！
キバラコナカゲロウ

類 アミメカゲロウ目 コナカゲロウ科
全 2.6mm前後
分 北海道～九州

ホントの小ささ！

ヤツデの葉裏にいた幼虫
大きな棍棒状の小あごひげがよくめだつ。秋から冬にかけて、ヤツデやシュロなど葉を落とさない低木の葉でさがすとみつけやすい。

小あごひげ

林縁　埼玉県越谷市平方自然観察林　2015.10.29

キバラコナカゲロウは、幼虫が「アリジゴク」の名で有名なウスバカゲロウのなかまだ。でも幼虫は、アリジゴクのような巣をつくらず、木の葉の裏や表を歩きまわってアブラムシ類やハダニ類を捕食したり、チャタテムシ類などの卵を食べたりしている。すばやく歩きまわるようすはダニそっくりだが、やがて精巧なまゆをつくり、白く美しい成虫に変身する。

テングダニ科の一種
色や形、歩くスピードもキバラコナカゲロウの幼虫に似ている。食べるものも同じ。よく見ると、あしが8本ある。体長2.02mm。

林縁　平方自然観察林　2015.10.29

まゆ　シュロの葉裏についていた。直径2mmほどで小さいが、白いのでよくめだつ。二重構造になっていて、外側には放射状にすじが盛りあがっている（左）。中にすべすべしたまゆ本体が入っている（右）。

84　🌱 キバラコナカゲロウのまゆは、幼虫が肛門から出す絹糸でつくられる。

成虫
林縁や林内で出会うが、よく飛ぶため、撮影はむずかしい。全長2.64mm。

飼育個体　2016.2.18

なかま　アトコバネコナカゲロウ

キバラコナカゲロウよりひとまわり大きく、同じ場所でみつかることもある。成虫の形はよく似ているが、幼虫やまゆの形はまったくちがうので、かんたんに区別できる。

林縁　埼玉県越谷市平方自然観察林　2015.3.26
成虫　全長4.5mmほど。

林縁　埼玉県所沢市　2015.12.29
終齢幼虫　体長3.55mm。

林縁　平方自然観察林　2016.1.6
まゆ　だ円形のうすい膜でおおわれている。

飼育個体　2016.1.24
蛹　体長2.77mm。大きな眼が特徴的だ。

コナカゲロウ科のなかまは日本では6種ほどが知られていて、どの種も緑地公園など、身近な環境にすむ。

木の幹や葉

キノコの中にすむ小さなクワガタムシ!?
ツヤツツキノコムシ

類	コウチュウ目 ツツキノコムシ科
全	オス2.2〜2.6mm、メス2mm前後
分	北海道〜屋久島

ホントの小ささ！

キノコ（オオチリメンタケ）を割ったところ
トンネルや穴がたくさんあり、さらに細かく割っていくと幼虫もみつかった。

雑木林　埼玉県所沢市　2015.12.29

びっくり！超拡大

頭角 頭頂に1対あり、ひさし状で先端に毛が生えている。

体色 濃い褐色で、若い個体ほど色が淡い。

大あご 左のほうが大きい。

複眼

小あごひげ

触角

＊この写真はオス

86　🌱 オオチリメンタケや、カワラタケはかたく、割るのに力がいる。

ツヤツツキノコムシは、角と大きな大あごをもつ、かっこいい虫だが、悲しいことにゴマ粒ぐらいの大きさしかない。成虫も幼虫も、オオチリメンタケやカワラタケなど、キノコの中でくらしている。幼虫はトンネルを掘るようにキノコを食べ進み、冬から春にかけて成長して、初夏に蛹化・羽化する。

空地　千葉県野田市　2015.7.11

オス　メスより体が大きく、角や大あごも大きい。

雑木林　埼玉県所沢市　2015.12.29

幼虫　この日はキノコを割ると、トンネル内から体長2.3mmほどの若齢幼虫がたくさん出てきた。

雑木林　所沢市　2015.12.29

メス　左右の大あごが同じ形をしている。

体がつるつるでトンネル内を動きやすい。

空き地、野田市　2015.7.11

ツヤツツキノコムシのすみか
空き地に転がっていた倒木にオオチリメンタケが生えていて、その表面は1mmほどの穴で埋めつくされていた。こうしたキノコを割ってみれば、成虫はほぼ一年じゅう発見できる。

梅雨の時期には、ツヤツツキノコムシの新成虫がたくさんみつかる。

キノコに集まる小さな虫たち

小さな昆虫は、キノコにもよく集まる。幼虫が菌食性（キノコやカビなどの菌類を食べる）の種は、産卵や交尾をするために集まり、彼らを捕食する肉食性の昆虫も集まってくるから、キノコは昆虫でにぎわっている。そんな昆虫たちは、キノコのシーズンの梅雨と秋に多く、真冬でもみつかるのでさがしてみよう。

オオアオイボトビムシ
トビムシ類では大型種で、体長5mmに達する。
- 類 トビムシ目イボトビムシ科
- 体 5mm前後　分 北海道、本州

雑木林　山梨県身延町　2014.10.25

林　千葉県野田市　2015.9.1

キノコバエ科の一種
体が朱色をしていて、写真のシュタケの色とそっくりなハエだった。
- 類 ハエ目キノコバエ科　体 2.12mm

スギ林　埼玉県飯能市　2015.10.20

黒い斑紋がある

ハエ目の一種
カワラタケに多数集まっていた。名前を調べたが、科もわからなかった。
- 類 ハエ目　体 2.0～2.6mm

チョウバエ科の一種
絹のような光沢の美しい種。腐ったキノコに集まっていた。
- 類 ハエ目チョウバエ科
- 全 2.45mm

林　東京都目黒自然教育園　2015.12.1

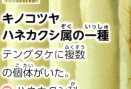

キノコツヤハネカクシ属の一種
テングタケに複数の個体がいた。
- 類 ハネカクシ科
- 体 3.6mm前後

雑木林　神奈川県相模原市緑区　2016.7.24

雑木林 群馬県ぐんま昆虫の森 2008.6.8

キノコアカマルエンマムシ

カワウソタケにいた。肉食性でキノコに集まる虫を捕食する。

- 類 コウチュウ目エンマムシ科
- 体 2.9～4.1mm
- 分 北海道～南西諸島

デオキノコムシの一種

スギ林 埼玉県飯能市 2015.8.23

マルムネタマキノコムシ

オオチリメンタケにきていた。

- 類 コウチュウ目タマキノコムシ科
- 体 1.7～2.7mm
- 分 本州～九州

雑木林 茨城県坂東市 2010.4.29

クロチビオオキノコ

河川敷や雑木林の朽ち木に生えたキノコでみつかる。写真はアラゲカワラタケを食べているところ。

- 類 コウチュウ目オオキノコムシ科
- 体 3～4mm
- 分 北海道～九州

ハスモンムクゲキスイ

写真はオオチリメンタケを食べているところ。

- 類 コウチュウ目ムクゲキスイムシ科
- 体 1.7～2.2mm
- 分 本州～九州

スギ林 飯能市 2016.8.12

ホコリタケケシキスイ

秋にホコリタケを割るとみつかる。

- 類 コウチュウ目ケシキスイ科
- 体 3.1～5.1mm
- 分 北海道～九州

雑木林 山梨県身延町 2014.10.24

オオチビヒラタエンマムシ

朽ち木に生えたキノコに集まる虫を捕食する。写真はシュタケ。

- 類 コウチュウ目エンマムシ科
- 体 3～3.5mm
- 分 北海道、本州、九州

林 千葉県野田市 2015.9.1

卵の小ささくらべ

卵のサイズは、成虫の大きさには関係なく、種によってさまざま。卵が小さなものほど数は多い。ここには、できるだけ小さな卵を集めてみたが、クリオオアブラムシだけは親にくらべて卵がとても大きく、おもしろいので、特別にのせてある。

渓流　千葉県市原市梅が瀬渓谷　2011.11.13

杉林　群馬県みどり市　2006.6.1

成虫

コカゲロウ科の一種
卵の長さ0.14mm。メスは石を伝い歩いて水中にもぐり、表面に多数の卵をならべて産む。
類 カゲロウ目コカゲロウ科
体 7mm前後

成虫

クチキクシヒゲムシ
卵の長さ0.38mm。樹皮の下にものすごい数が産みつけられる。
類 コウチュウ目クシヒゲムシ科
体 10〜21mm
分 北海道〜九州

河原　みどり市
2011.7.23

渓流　神奈川県逗子市
2010.11.30

成虫

オオクラカケカワゲラ
卵の長さ0.4mm。大型種だが、一つの卵はとても小さい。
類 カワゲラ目カワゲラ科
体 30mm前後
分 本州〜九州

成虫

ホタルトビケラ
卵の長さ0.5mmほど。沢沿いの草の根ぎわに、ゼラチンとともに産みつけられる。
類 トビケラ目エグリトビケラ科
体 15〜20mm
分 本州〜九州

ぼくがこれまでに見た最大の卵はゲンゴロウで、長さが15.3mmもあった。ただし、とても細かった。

あぜ　茨城県牛久市
2010.7.22

林縁　埼玉県所沢市
2011.6.3

成虫

アカタテハ
卵の高さ0.7mm。食草のカラムシなどに1卵ずつ産みつけられる。
- 類 チョウ目タテハチョウ科
- 体 22mm前後
- 分 北海道〜南西諸島

成虫

マドガ
卵の高さ0.8mm。食草のボタンヅルなどの葉裏に産みつけられる。
- 類 チョウ目マドガ科
- 体 8mm前後
- 分 北海道〜九州

湿地
千葉県野田市
2010.6.7

河川敷　茨城県坂東市　2009.7.25

成虫

タデマルカメムシ
卵の高さ0.9mm。食草のアキノウナギツカミでみつけたもの。
- 類 カメムシ目マルカメムシ科
- 体 3〜4mm
- 分 本州〜九州

成虫

トホシクビボソハムシ
卵の長さ1mm。河川敷に生えた食草のクコでみつかる。
- 類 コウチュウ目ハムシ科
- 体 4.5〜5.8mm
- 分 本州〜九州

クリ畑
野田市
2010.12.10

クリオオアブラムシ
卵の長さ1.95mm。冬、メスはクリの幹などに、集団で卵を産む。卵で越冬する。
- 類 カメムシ目アブラムシ科
- 体 3.5〜5mm
- 分 北海道〜九州

成虫

🌱 チョウやカメムシなどのなかには、卵で種名がわかるものもいる。

木の幹や葉

幼虫はアリが集まる小さな円盤
ヨツボシテントウ

類 コウチュウ目 テントウムシ科
体 3.0～3.7mm
分 本州～九州

ホントの小ささ！

ハリブトシリアゲアリにかこまれた幼虫
幼虫は食事中で、口もとをよく見たら、小さくしぼんだアブラムシが確認できた。周囲のアリは幼虫を攻撃するでもなく、撮影中、ずっと幼虫のもとを離れなかった。

雑木林　千葉県野田市　2015.8.7

コナラやクヌギなどの葉裏や枝に張りついた小さな円盤状の物体にアリが集まっていたら、その円盤はきっとヨツボシテントウの幼虫だ。この幼虫は、アリが大好きな甘露を出すアブラムシを食べるので、ふつうなら敵としてアリに攻撃されるはずだ。なぜ攻撃されず、しかもアリを集めているのか、その理由は、まだよくわかっていない。

頭部／前脚／中脚／後脚／腹部／吸盤
これで葉裏に吸着する。

幼虫の腹側　6本のあしを見れば、昆虫そのものだ。平たい体は葉に張りついて立体感と影を消し、捕食者からみつかりにくくする効果がある。

雑木林　野田市　2013.10.13

成虫　朱色の上翅に4つの黒点があり、体はとても細い毛でおおわれている。

アリに攻撃されない昆虫の多くは、体にアリのコロニー特有の臭いをまとっている。

小さなテントウムシ図鑑

類 コウチュウ目テントウムシ科

テントウムシ科は世界に約5000種いて、日本では180種ほどが知られている。肉食性の種、植物の葉を食べる種、菌類（キノコやカビのなかま）を食べる種がいる。肉食性でアブラムシやカイガラムシを食べる種は、農作物の害虫の天敵として注目されている。

河原の草地　埼玉県越谷市　2015.7.7

ヨシ原　茨城県坂東市　2015.7.9

マクガタテントウ
河川敷に多い。花に集まり、アブラムシなどの小昆虫を食べる。花粉も食べる。
体 3～4mm　分 北海道～四国

クロヒメテントウ
成虫も幼虫もアブラムシを捕食する。
体 2.4～3.1mm　分 本州～九州

コナラ林　千葉県野田市三ツ堀里山自然園　2015.8.13

ケヤキ並木　埼玉県さいたま市秋ヶ瀬公園　2015.3.5

ヒメアカホシテントウ
樹木の葉や枝先でみつかる。クワシロカイガラムシなどを捕食する。
体 3.4～4.9mm　分 北海道～九州

ウスキホシテントウ
樹上性でアブラムシを捕食する。冬、木の幹のすき間や樹皮の下でよく越冬している。体 3～4mm　分 北海道～九州

クワ　千葉県柏市大堀川防災レクリエーション公園　2015.10.19

疎林　埼玉県越谷市平方自然観察林　2015.3.15

キイロテントウ
植物の葉に発生したうどんこ病菌を食べ、都市部のエノキやクワの葉でよくみつかる。体 3.5～5.1mm　分 本州～西表島

クモガタテントウ 外
うどんこ病菌を食べる外来種で、都市部でみつかる。写真はシュロの葉で越冬中の個体。体 2～3mm　分 本州、九州

🌱 テントウムシ科の日本最小種は、南西諸島にすむ体長1mmのフタイロチビテントウ。

木の幹や葉

ビーティングネットで採集してみよう
ヒシカミキリ

類 コウチュウ目 カミキリムシ科
体 3〜5.1mm
分 北海道〜九州

ホントの小ささ！

クリの枯れ枝にとまるオス
触角を枝に密着させて立体感を消すので、動かないと肉眼ではみつからない。クリのほか、アカメガシワなどの枯れ枝でもみつかる。幼虫は広葉樹の枯れ枝の内部で育つ。

クリ畑　埼玉県所沢市
2016.5.20

クリの木をよく見ると、枯れている枝がある。こうした枝にはさまざまな昆虫がついているが、小さな虫は枝に紛れてなかなかみつからない。ヒシカミキリもそんな虫だが、「ビーティングネット」という道具を使って採集すれば、じっくり観察できる。使い方はかんたんで、枝の下にネットを差しいれ、枯れ枝をたたくだけ。雑木林などでも、ためしてみよう。

ネットに落ちてきた虫たち
たたくと、目的のヒシカミキリのほかにも、いろいろな虫が落ちてきた。ヒシカミキリは交尾中のペアがそのまま落ちてきた。

クリの枯れ枝
こうした枯れ枝にはさまざまな小さな虫がいる。

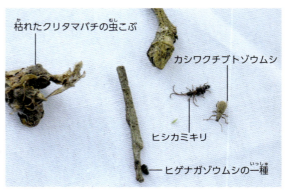

枯れたクリタマバチの虫こぶ
カシワクチブトゾウムシ
ヒシカミキリ
ヒゲナガゾウムシの一種

クリ畑で昆虫を採集するときには、畑の持ち主の人に断ること。

幼虫はなかよくならんで葉っぱを食べる
ヤナギルリハムシ

類	コウチュウ目ハムシ科
体	3.3～4.4mm
分	北海道～九州、奄美大島

木の幹や葉

ホントの小ささ！

アカメヤナギの葉を食べる幼虫
幼虫は葉の裏側にならび、表皮を残して削るように葉を食べ進む。幼虫たちの後ろにはたくさんのふんが残される。

河原
埼玉県北本市
208.5.28

ヤナギは種類が多く、どこでも見られる木の一つで、とくに水辺にはたいてい生えている。そのヤナギの葉を見れば、ヤナギルリハムシの幼虫や成虫がきっとみつかるはずだ。幼虫はならんで葉を食べる習性があり、食痕を目印にしてみつけることができる。ヤナギは公園樹や街路樹としても植えられているから、身近なヤナギでみつけてみよう。

卵 イヌコリヤナギの葉にまとめて産みつけられていた。長さ1.1mm。ふ化した幼虫たちは、いっしょに育つ。

空き地
福島県南会津町
2011.5.31

成虫 イヌコリヤナギの葉にいた。

空き地　南会津町
2011.5.31

東京・銀座のシダレヤナギ並木
こんな都会でもみつけることができた。ただし成虫は、地表の落ち葉の下や、浅い土中で越冬するため、根のまわりがきれいに掃除されるといなくなってしまう。

🌱 ヤナギルリハムシの幼虫は、成熟すると、ヤナギの葉裏に張りついた状態で蛹化する。

木の幹や葉

大都会で生きのびる
ヘリグロテントウノミハムシ

- 類 コウチュウ目ハムシ科
- 体 3.2～4.0mm
- 分 本州～沖縄島

ホントの小ささ！

ヒイラギの葉を食べる成虫
6月ごろの成虫は羽化したばかりで、個体数が多い。

生け垣　埼玉県越谷市　2015.6.14

食痕
葉裏から、えぐるように線状に食べる。

触角

生け垣　越谷市　2015.6.23

葉裏にとまる成虫　テントウムシに似ているが、触角が長くてまっすぐなので区別できる。体の表面は鏡のようにぴかぴかしていて、周囲の風景が映りこむほどだ。

食害されたヒイラギ　枝先の葉が枯れていれば、きっとこの虫がいる。ただし、木そのものを枯らしてしまうことはないようだ。

公園や人家の生け垣に植えられたヒイラギ。葉の先に虫食いあとがあったら、この小さなハムシのしわざだ。ヘリグロテントウノミハムシは、ヒイラギなどモクセイ科の植物を食べて育つ。公園樹には流行があるが、定番のヒイラギが植えられているかぎり、この虫の未来は安泰だ。

テントウムシの触角は短い。みつけたときに確かめてみよう。

生け垣　埼玉県越谷市健康福祉村　2016.5.3

終齢幼虫
新葉から出て、別の葉に移動中の幼虫。新葉は葉が小さいためか、いったん葉にもぐりこんだ幼虫が別の葉に移動する場面をよく目にする。体長6.14mm。成熟すると葉を離れ、土の中でまゆをつくって蛹化する。

幼虫は葉の中身を食べる

春、新芽が出ると、越冬していた成虫が新葉（芽吹いたばかりのやわらかい葉）の上に現れて産卵する。ふ化した幼虫はあざやかな黄色をしていて、葉の中にもぐりこみ、葉の中身を食べて育つ。新葉は薄いので、葉にもぐりこんだ幼虫は、透けた表皮を通してかんたんに確認することができる。

生け垣　健康福祉村　2016.5.3

生け垣　健康福祉村　2016.4.23

若齢幼虫　体長3.6mmほど。葉の内部に入り、中身を食べながら移動して成長する。写真の黒いすじは幼虫のふん。

卵　長さ0.95mmほどのだ円形で、ふんのような分泌物でおおわれている。

東京都心では、6月にヘリグロテントウノミハムシの新成虫が現れる。

木の幹や葉

だれも食べない？ 虫のふんにそっくり！
ムシクソハムシ

類	コウチュウ目ハムシ科
体	2.7～3.5mm
分	本州～九州

ホントの小ささ！

エノキの枝にとまる成虫
拡大してみると、触角やあしがあり、確かにハムシのなかまであることがわかる。

公園木　千葉県柏市大堀川防災レクリエーション公園　2015.5.5

コナラ林　千葉県野田市三ツ堀里山自然園　2015.9.1

ガの幼虫のふんとムシクソハムシ
ふんと虫をならべて撮影してみた。右側がムシクソハムシだが、ほんとうによく似ている。こういう虫がいることを知らなければ、どちらもふんにしか見えないだろう。

木の葉の上には、いろいろな虫のふんが落ちている。でも、そのなかには、ムシクソハムシがまぎれているかも。ごつごつとした筒形の体をもつムシクソハムシは、ガの幼虫のふんにそっくりだ。コナラやクヌギの葉や枝でよくみつかるので、さがしてみよう。おどろくとあしをちぢめて擬死をするが、こうなると「虫くそ」そのものだ。

擬死をする成虫　腹面にみぞがあり触角やあしが収まるので腹側から見てもふんそっくりである。

98　ムシクソハムシのなかま（コブハムシ属）は日本に9種いる。ツツジコブハムシ（p.45）もそのうちの一種。

幼虫はふんを使って家をつくる

メスは産卵のときに、卵にふんをぬりつける。ふ化した幼虫は、卵をおおっていたふんを背負ったまま活動し、大きくなるごとにふんをつけたしてカプセル状にする。まるでヤドカリだが、この「ふんケース」を自分でつくるところは、ヤドカリより一歩進んでいる。

雑木林　千葉県野田市　2013.7.4

コナラの葉の上の終齢幼虫
幼虫はコナラやクヌギの葉を食べて育つ。ふんケースは高さ3.42mm。危険を感じると、頭部やあしを中に収めて動かなくなる（上）。

取り出した幼虫　腹部はあざやかな黄色。ふんケースがないからか、うまく歩けない。

雑木林　野田市　2015.8.25

蛹のふんケース（左）と中の蛹（上）　蛹化が近づくと、幼虫はふんケースを葉に固定して蛹化する。このときのふんケースは、つけ根が太くてがっしりしている。蛹は頭部をふんケースの先端に向けて、中に収まっている。

ふんケースは天敵には効果がないようで、蛹から寄生バチの幼虫や成虫が出てくることがある。

木の幹や葉

ブドウの葉っぱをぐるぐる巻き！
ブドウハマキチョッキリ

類	コウチュウ目 チョッキリゾウムシ科
体	4.5〜5mm
分	本州〜九州

ホントの小ささ！

メス成虫 黒っぽい赤銅色で、上翅はごつごつしている。オスの胸部には、1対の小さなとげがある。

林縁　埼玉県熊谷市大麻生公園　2016.5.28

初夏、ノブドウやエビヅルの葉がぐるぐると巻かれているのを目にすることがある。これは、ブドウハマキチョッキリが幼虫のためにつくった「ゆりかご」だ。メスは葉柄に切りこみを入れてしおれさせ、縦に巻いていき、中に数個の卵を産みつける。ふ化した幼虫はゆりかごの中で葉を食べて育ち、7月には成熟して土の中で蛹化する。8月下旬には羽化し、ブドウ類の葉を食べたあと、成虫で越冬する。

卵 ゆりかごを広げていくと卵が出てきた。ほぼ球状で長さ約0.8mm。

林縁　大麻生公園　2016.5.28

幼虫 持ち帰ったゆりかごをしばらくして開いてみると、幼虫が育っていた。一つのゆりかごで数ひきが育つ。

飼育個体　2016.6.14

ブドウハマキチョッキリは、山地ではヤマブドウの葉を巻く。

エビヅルの葉を巻いたゆりかご
ゆりかごは大きく、エビヅルでは白い葉裏が見えていてよくめだつ。葉は複数の幼虫たちの食べものとしてじゅうぶんな量だ。メスは葉柄にかみ傷をつけてしおれさせ、巻いていく。巻くときは、巻きもどりを防ぐため、口から接着物質を出して葉を貼りつける。

木の幹や葉

コナラが芽吹くとやってくる
カシワノミゾウムシ

類 コウチュウ目ゾウムシ科
体 3.7～4.1mm
分 北海道、本州、九州

ホントの小ささ！

新芽にとまる成虫 樹皮のすき間などにもぐりこんで越冬したためか、春に見られる成虫は、体の表面をおおう鱗粉がはげている個体が多い。東京周辺であれば、4月が成虫観察のチャンスだ。

雑木林 群馬県桐生市 2013.4.13

コナラが芽吹くと、越冬からめざめたカシワノミゾウムシのメスが新葉（芽吹いたばかりのやわらかい葉）にやってくる。運がよければ、葉脈に穴をあけて産卵するようすが観察できるかも……。幼虫は葉の内部を食べ、食痕（マイン）にはふんによる黒い線状の模様がついている。身近な甲虫で、コナラがあれば、東京都心にも生息する。

幼虫がもぐりこんだコナラの若葉 葉にもぐりこむ幼虫の食痕を「マイン」とよぶ。マインの内部で中身を食べて育つ。

林 千葉県野田市 2013.4.29

マイン内の終齢幼虫 まもなくマインの内部で蛹になる。体長6.5mm。

ゾウムシのなかまの体長をはかるときには、ふつう前方に伸びた口吻をふくめない。

小さなゾウムシ図鑑
類 コウチュウ目ゾウムシ科

このなかまは、長い口吻がゾウの鼻に似ているので、ゾウムシとよばれる。すべての種が植物を食べるが、食べる部分は葉や花、実、樹皮、朽ち木など、種によってさまざま。この本で紹介するような小型種が大半を占めている。

畑 埼玉県越谷市
2014.4.4

ダイコンサルゾウムシ ハクサイで撮影。幼虫はアブラナ科の種を食べて育つため、畑でよくみつかる。
体 2.2〜2.5mm 分 北海道、本州、九州

草地 越谷市 2015.6.23

マダラヒメゾウムシ
織物のかすり模様のような美しい種。アカザやシロザの茎にとまっていることが多い。
体 3〜3.7mm 分 本州〜九州

林縁
千葉県野田市
三ツ堀里山自然園
2015.9.9

タバゲササラゾウムシ ヒメコウゾの葉に集まる。クワに集まるのは、よく似たクワササラゾウムシという別種。 体 3.6〜4.2mm 分 本州〜九州

林 平方自然観察林
2014.6.10

ハマベキクイゾウムシ
幼虫が朽ち木を食べる種で、成虫も朽ち木にいる。写真はスギ材の柵をかじっているところ。
体 2.6〜3.1mm
分 本州、九州、トカラ列島、奄美大島

林
越谷市平方自然観察林
2014.4.27

ジュウジチビシギゾウムシ コナラやカシ類が生える雑木林に生息する。東京23区内にもすむ身近な種。 体 2.0〜2.8mm 分 本州〜九州

ゾウムシは、危険を感じると、あしをちぢめて擬死をするものが多い。

103

木の幹や葉

シロダモタマバエ
葉にできた雪だるまは「お菓子の家」

類	ハエ目タマバエ科
体	3mm前後
分	本州～石垣島

ホントの小ささ！

虫こぶの中で育つ幼虫
虫こぶを割ると、オレンジ色の小さな幼虫が入っている。虫こぶの中は白っぽくなっていて、幼虫はその部分を食べて育つ。

林縁　千葉県野田市　2014.12.18

シロダモは雑木林のどこにでも生えていて、葉には、たいてい小さな丸い玉がついている。じつはこれ、シロダモタマバエという小さなハエの幼虫がつくる虫こぶだ。幼虫はふ化後、約10か月かけて成長し、翌年の2～3月に蛹になる。雑木林の林床には、樹高1mに満たないシロダモの幼木がたくさん生えているので、さがしてみよう。

虫こぶ　「シロダモハコブフシ」とよばれる。葉の表側は雪だるま形、葉の裏側は球形で、どちらも直径は2～3mmほど。1枚の葉に数十個ついていることもある。

104　シロダモタマバエは、シロダモだけを食べて育つ。こうした食性を「単食性」という。

蛹が虫こぶから脱出して羽化

羽化するとき、蛹は、頭部にある薄い刃物のような角を使って虫こぶに丸い切りこみを入れ、切った部分をまるで、とびらをあけるようにして出てくる。

虫こぶから出した蛹
体長2.5mm。

羽化 蛹がとびらをあけて半身をせり出すと、脱皮して、羽化がはじまる。

産卵するメス 春の風がない日、メスは出たばかりのやわらかい新葉に産卵管を刺して卵を産みつける。

🌱 シロダモタマバエは体長3mmほどだが、あしが長く、前翅は4mmもあるため、意外に大きく感じる。

105

木の幹や葉

天窓がある快適な部屋で育つ
ニセクヌギキンモンホソガ

類	チョウ目ホソガ科
全	3.5mm前後
分	本州～九州

ホントの小ささ!

中齢幼虫
体長3.07mm。黒いかたまりは幼虫のふんで、一か所にまとめられている。外から攻撃をしかける寄生バチなどに対するおとりなのかもしれない。

林縁 福島県南会津町 2015.7.21

クヌギやコナラの葉で、右の写真のようなマインがよくみつかる。ニセクヌギキンモンホソガの幼虫のマインだ。幼虫は、葉裏の表皮の内側につくったテント状の部屋にすみ、葉の表側の表皮を残して葉の中身を食べる。細かい葉脈にかこまれた部分をていねいにはぎ取るので、葉の表側には天窓のように透けた穴ができる。ほぼ一年じゅうみつかるので、さがしてみよう。

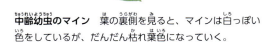

中齢幼虫のマイン 葉の裏側を見ると、マインは白っぽい色をしているが、だんだん枯れ葉色になっていく。

マインの表側は少しふくらんでいて、幼虫が葉の中身を食べたあとが点状に透けて見えている。

106　ふ化した幼虫は葉裏からもぐって、はじめは線状に、その後はまだら状に食べ、中齢になるとテント状のマインをつくる。

林縁　埼玉県越谷市平方自然観察林　2015.10.18

成長した終齢幼虫
右のマインを開いて撮影。もうまもなく蛹化する。体長5.67mm。

終齢幼虫のマイン　表側（左）には食痕が増え、裏側（右）は枯れ葉色になる。

庭　茨城県稲敷市　2015.7.28

蛹
終齢幼虫は、マインの内部にまばらに糸を吐いて蛹化する。蛹は腹端の突起で糸に固定されている。体長3.7mm。

成虫
全長3.55mm。成虫は野外ではなかなかみつからないので、蛹を飼育して羽化させてみよう。蛹で越冬するため、秋の蛹は春まで羽化しないが、それ以外の時期なら蛹を容器に入れておけば、まもなく羽化してくる。

ホントの小ささ！

飼育個体　2015.8.1

ニセクヌギキンモンホソガには、よく似たなかまがほかに3種いて、蛹の腹端の形で区別できる。

107

木の幹や葉

幼虫のマインで名前がわかる
クヌギキムモンハモグリ

ホントの小ささ！

類 チョウ目ムモンハモグリガ科
全 5.2mm前後
分 北海道〜九州

終齢幼虫 体長6.43mm。避難場所にはふんがなく、とてもきれいだ。

さいたま市緑区 2015.6.11

蛹 体長5.21mm。まゆを開けたところ。

コナラの葉のマイン このなかまはほかに2種いるが、マインで区別できる。マインに墨流し模様があればヤマトキムモンハモグリ、マインが淡褐色から濃黒灰色で、幼虫が育つと円盤状の避難場所がはがれればニセクヌギキムモンハモグリ。

林縁 埼玉県さいたま市緑区 2015.6.8

コナラなどの葉に上の写真のように白っぽいマインがあり、中心部が円盤状になっていたら、クヌギキムモンハモグリの幼虫がひそんでいるはずだ。円盤状の部分は幼虫の避難場所。幼虫は、葉の中にもぐりこんだまま葉の中身を食べては、この避難場所にもどってくる。そして成熟すると、避難場所で蛹化する。マインは初夏から翌春までみつかるので、観察の機会も多い。

飼育個体 2015.8.2

成虫 写真のように独特なとまりかたをする。全長5.29mm。幼虫のマインはよくみつかるが、成虫はほとんど目につかない。

108 🌱 マインの中で越冬した、クヌギキムモンハモグリの終齢幼虫は、翌春に蛹化する。

おしりから見るとハエトリグモそっくり！
ハリギリマイコガ

類	チョウ目マイコガ科
全	5mm前後
分	北海道、本州

木の幹や葉

ホントの小ささ！

葉に静止する成虫
全長5.16mm。後脚を動かしていると、ハエトリグモにそっくりだ。小さな虫をおそって食べるハエトリグモが、なかま？ ライバル？ とかんちがいして、とまどっているすきに、飛んで逃げる作戦なのかもしれない。

飼育個体 2016.5.23

林縁 茨城県竜ケ崎市 2016.5.12

ハリギリの葉の食痕 ハリギリは大木になるが、雑木林の林床や林縁には幼木が生えているので、そこで観察できる。

ハリギリマイコガは、美しい金属光沢のはねをもつガだ。下に折れまがったはねの先は、後ろから見るとなにかの顔のよう見える。静止中は後脚を交互に動かしていて、ずっと見ているとハエトリグモの動きをまねているように思えてくる。春、ハリギリの葉には葉脈を残した特徴的な食痕がみつかる。葉裏には小さなふんをつけた薄い巣網が張られていて、その中には幼虫の姿がみつかるだろう。

林縁 竜ケ崎市 2016.5.12

葉裏の幼虫 巣網の中にかくれている。巣網にはふんをたくさんつけている。

林縁 竜ケ崎市 2016.5.22

蛹 幼虫は葉脈のすみに薄い膜状のまゆをつくって蛹化する（写真はまゆを取りのぞいて撮影）。

マイコガ科は中央〜南アメリカを中心に約70種が知られ、日本にはハリギリマイコガ1種のみが分布する。

幼虫は家づくりの天才！
ムラサキシキブツツヒメハマキ

木の幹や葉

類 チョウ目ハマキガ科
全 4.7mm前後
分 本州

ホントの小ささ！

ムラサキシキブの葉に残るマイン 食痕は種によってさまざまだが、これほど特徴的な形はほかにない。

フェンスのわき　茨城県常総市きぬ総合公園　2016.7.10

飼育個体　2016.7.10

円形の穴のふちにぶら下がる蛹室 幼虫は蛹化のときに、くりぬいた葉を二つに折ってつづり、絹糸で穴のふちに固定する。

ちょっとした林に生えるムラサキシキブは、ハムシやガの幼虫などに人気がある。葉にはいろいろな食痕が見られるが、上の写真のようにマインのまん中が円形にくりぬかれていたら、それはムラサキシキブツツヒメハマキの幼虫が蛹化した証拠。円形の穴は、幼虫が蛹室をつくるためにくりぬいたあとだ。都市部の緑地公園などにふつうにいる虫なので、ぜひ観察してみよう。きっとかんたんにみつかると思う。

ツツヒメハマキのなかま（ツツヒメハマキガ属）は、日本ではほかに2種が知られている。

成虫
全長4.7mm。着物の代表的な柄のかすり模様に似た斑点をもつガ。幼虫が葉にあける円形の穴も、なんとなくおもむきがある。

飼育個体 2016.7.22

避難ばしごのあるテント

幼虫は、葉の表側に薄くテント状の巣を張り、その下にひそんで葉の表面をかじりとって食べる。おもしろいのは、幼虫がテントの下に葉裏側に通じる非常口をあけ、葉裏側にはふんを糸でつづって一部が筒状の避難ばしごをつくること。葉の表側で外敵に攻撃されると、穴から葉裏側に逃げる、というしくみだ。

幼虫（テント状の巣を取りのぞいて撮影） 幼虫の腹端部付近に葉裏に通じる穴があいている。

葉裏につくられた避難ばしご 長さ3.5mmほどで、葉裏に近い部分だけ筒状になっている。葉の表側にいた幼虫を刺激したら、バックして、おしりから葉裏側に脱出した。

源氏物語の作者とされる紫式部の肖像画で、このガと似た柄の着物を着ているものを見たことがある。

111

木の幹や葉

クヌギの枝につく大きな虫こぶで育つ
クヌギエダイガタマバチ

類 ハチ目タマバチ科
体 2〜5mm
分 本州

ホントの小ささ！

クヌギの枝にできた大きな虫こぶ
いが状のかたまりになった虫こぶが、3個まとまってついている。

雑木林　埼玉県熊谷市大麻生公園　2015.11.4

虫こぶの中の幼虫（左）と蛹（下）
虫こぶを割ると中に空間が現れ、中心に長さ4.2mmほどの部屋がある。中には幼虫や蛹のほか、羽化したての成虫も入っていた。

秋から冬にかけてクヌギの枝を見ると、褐色でめだつ虫こぶがついている。クヌギエダイガタマバチがつくる「クヌギエダイガフシ」とよばれる虫こぶだ。1個の虫こぶは1cmほどで表面はやわらかい毛が生えたとげでおおわれ、それが10個ほど集まって、いがのようになっている。中では幼虫が育ち、初冬には成虫になる。この時期に羽化するのはメスだけで、虫こぶから出ると花芽に産卵する。

メスだけで繁殖する世代を「単性世代」、オスとメスで繁殖する世代を「両性世代」という。

産卵するメス
体長4.84mm。虫こぶを割ると、中の部屋から脱出しようとしている成虫がいたので、クヌギの花芽につけたら産卵をはじめた。

雑木林　埼玉県熊谷市大麻生公園　2015.12.22

春は雄花の虫こぶで育つ

春、成長しはじめたクヌギの花を観察すると、雄花のつぼみにまじってピンク色の虫こぶがみつかる。冬に花芽に産みつけられた卵がふ化して虫こぶになったもので、「クヌギハナコツヤタマフシ」とよばれる。虫こぶの中の幼虫の成長は速く、雄花の穂が伸びきるころには蛹化し、まもなく羽化してくる。この時期の成虫にはオスとメスがいて、交尾後にメスは枝に産卵する。

埼玉県さいたま市さくら草公園　2016.4.3

春の虫こぶ　ピンク色にふくれたものが虫こぶで、直径3mmほど。黄緑色のものはクヌギの雄花のつぼみ。

オス　体長2.1mm　　**メス**　体長2.2mm
小さくて黒く、つやつやしていることから、クヌギハナコツヤタマバチという別の和名がついている。

雑木林　埼玉県所沢市　2015.10.10

若い虫こぶ
夏から初秋にかけてみつかる若い虫こぶは、ピンク色がかっている。

両性世代と単性世代が交互に現れる現象を「世代交代」とよぶ。

木の幹や葉

赤い実のような虫こぶの中で育つ
クリタマバチ 外

類	ハチ目タマバチ科
全	2.5～3mm
分	北海道～九州

ホントの小ささ！

クリメコブズイフシ 新芽の黄緑色とあいまって、とてもめだつ。庭木として植えられたクリや小規模のクリ畑では駆除がおこなわれないためか、ふつうにみつかる。

クリ畑　埼玉県所沢市　2014.4.12

雑木林　栃木県上三川町　2014.5.2

終齢幼虫　体長2.5mmほど。あしはなく、幼虫がちょうど入るぐらいの部屋に収まっている。

林縁　新潟県胎内市
2016.7.4

成虫　メスだけで繁殖（単為生殖）をするとされている。オスはみつかっていない。

春、クリの木が芽吹きをむかえるころ、葉のつけ根にあざやかな赤色のふくらみがみつかる。「クリメコブズイフシ」とよばれるクリタマバチがつくる虫こぶで、中に幼虫がいる。梅雨のころに蛹化、虫こぶの中で羽化したあとに脱出する。外に出ると、まずはねを伸ばし、やがてクリの芽に産卵する。1か月ほどで幼虫がふ化し、越冬後、クリの芽吹きとともに虫こぶが成長する。

114　🌱　クリタマバチは、中国原産の外来種で、1941年に岡山県でみつかって以来、全国に広がった。

コラム

この本でいちばん小さな虫！

3月の雑木林は、活動する昆虫はまだ少ない。この日はトビムシでも撮ろうかと思って、カメラに微小昆虫の撮影用のレンズとストロボを装着して散策を開始した。朽ち木の樹皮をはぐと、トビムシのほかにも、ハネカクシやヒラタムシなどの小型甲虫がみつかった。それらを撮影していると、ひときわ小さな虫がすばやく歩いている。撮影してピンボケ画像を見ると、甲虫だ。何カットか撮影したら、ようやくピントが合った。帰宅して図鑑を見ると、メナシウスイロムクゲキノコムシのようだ。体長1mmはあったと思っていたが、なんと0.7mmと書いてある。この本で紹介した虫のなかでは最小の種だ。

朽ち木　埼玉県入間市　2013.3.11

メナシウスイロムクゲキノコムシ
- 類　コウチュウ目ムクゲキノコムシ科
- 体　0.65〜0.7mm　　分　本州

日本にいないジュズヒゲムシのなかまも小さな虫

30目ほどに分けられている昆虫のうち、日本に生息していないグループが二つある。一つはアフリカに生息するカカトアルキ目。もう一つがジュズヒゲムシ目で、こちらは東南アジアの熱帯雨林にも生息する3mm以下の極小昆虫だ。この虫を撮りたくて、専門家にいろいろときいてみた。「朽ち木の樹皮の下にたくさんいるけど、とにかくすばやいよ」とのこと。チャンスは、ジャワ島の熱帯雨林を散策中に訪れた。森の小道をふさぐように倒れた朽ち木があったので樹皮をはいでみた。「あっ、いた〜」。肉眼では形はよくわからないものの、その虫は猛スピードで樹皮の上をはいまわり、あっという間に視界から消え、樹皮のすき間や裏側に逃げてしまった。ジュズヒゲムシだ。こんどは、小さい容器を準備してから樹皮をはぎ、とにかく採集することにした。村の家の庭先に樹皮と採集した虫を置かせてもらい、なんとか撮影に成功したのであった。

朽ち木　ジャワ島　2009.11.28

ジュズヒゲムシ属の一種
- 類　ジュズヒゲムシ目ジュズヒゲムシ科
- 体　2.5〜3mm　　分　インドネシア

水辺でみつかる小さな虫

水辺には、陸とはちがう種の昆虫がすんでいる。水面や水中を生活の場とする種は「水生昆虫」とよばれ、泳ぎや潜水を得意とし、呼吸法にも工夫がみられる。水ぎわにすむもの、水辺に生える植物を食べるもののほか、それらを捕らえて食べる昆虫たちも多い。

→128ページ

→124ページ

→118ページ

→120ページ

無農薬の田んぼ
殺虫剤を使わないと、イネの害虫が集まってくるが、それらを捕食する昆虫やクモ、カエルもたくさんやってきて、イネを守ってくれている。除草剤も使わないので、水ぎわやあぜには多様な植物が生育し、そこでもいろいろな昆虫がみつかる。

→130ページ

埼玉県さいたま市緑区　2016.6.17

水辺で小さな虫をさがす コツ

●水ぎわの湿った地面でさがす
ぬれた水ぎわの地面は、小さな虫の宝庫だ。砂地や泥など、地面の環境のちがいによっても、みつかる虫はちがってくる。

●石を裏返す
水辺に石やごみ、木材などがあったら、裏返してみよう。夜行性の虫がかくれていることがある。

●川では、よどんだところでさがす
流れが速いところでは、小さな虫の多くは流されてしまう。よどみなど、流れがゆるやかなところでさがしてみよう。

●水辺の植物でさがす
水辺には、湿った場所を好む植物が生えている。草地や林とは植物の種類がちがうため、集まる虫の種類もちがう。

●いろいろな場所でさがす
小さな虫たちは、体の大きな人間にはわからないような微妙な環境のちがいによって、すみ分けている。水辺にかぎらず、いろいろな場所へ行って、小さな虫をさがしてみよう。

→132ページ

水辺　栃木県野木町渡良瀬遊水地・2015.10.12

ヨシ原の水ぎわ　この写真は、132ページで紹介するミナミカマバエを撮影した場所。水ぎわの泥の中には、昆虫の幼虫をはじめ、さまざまな小動物がいる。水ぎわには、それらを捕食する水生カメムシ類やゴミムシ類などが見られる。

水辺

害虫だけど、自然の中では役にたつ！
ヒメトビウンカ

類	カメムシ目ウンカ科
体	2〜3mm
分	北海道〜南西諸島

ホントの小ささ！

小楯板

長翅型のメス
体長2.37mm、全長3.46mm。メスは小楯板の中央部に黄褐色の帯がある。

田んぼ　埼玉県越谷市
2016.8.3

イネの害虫として有名な種。幼虫で越冬し、あぜの雑草などで繁殖した成虫が、田植えが終わるとイネに飛来する。長翅型は移動能力に、短翅型は繁殖能力に、それぞれすぐれ、年に4〜5回も発生して農家の人をこまらせている。ただし、多くの小動物にとって、たくさんいるウンカは重要な食べ物となっている。もしウンカがいなかったら、肉食性の昆虫や子ガエルたちは、明日の朝ご飯にもありつけないだろう。

田んぼ　越谷市　2016.8.2

短翅型のメス
体長2.72mm。色彩の濃淡、はねの長さなどには変異がある。

田んぼ　越谷市　2016.8.2

長翅型のオス
体長2.02mm、全長3.43mm。オスは小楯板が黒色。

ヒメトビウンカは縞葉枯病を媒介する。縞葉枯病になったイネは、枯れたり実らなくなったりする。

小さなウンカ図鑑 類 カメムシ目

ウンカは、アワフキムシやヨコバイに近いグループで、植物の汁を吸うため、さまざまな植物にすんでいる。ほとんどが小型種で、危険を感じると後脚ではねて逃げる。移動能力にすぐれた種が多く、風にのって海を渡り、海外から日本に飛来する種もいる。

林縁 埼玉県さいたま市見沼氷川公園 2015.8.30

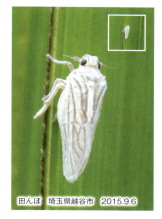
田んぼ 埼玉県越谷市 2015.9.6

社寺林 埼玉県飯能市 2013.9.21

ミドリグンバイウンカ
林で見られる。
類 グンバイウンカ科 全 6〜7mm
分 本州〜南西諸島

シマウンカ カヤツリグサなどの雑草で見られる。
類 シマウンカ科 全 約4mm
分 本州〜南西諸島

マルウンカ 雑木林にすみ、クヌギなどで見られる。
類 マルウンカ科 全 5〜6mm
分 本州〜屋久島

草地 千葉県野田市三ツ堀里山自然園 2015.8.27

草地 三ツ堀里山自然園 2015.9.1

田んぼ 茨城県坂東市 2015.10.6

田んぼ 埼玉県さいたま市桜区 2016.10.21

ゴマフウンカ
長翅型(上)と短翅型(下)。イネ科植物が生える草地で見られる。
類 ウンカ科 全 3〜4mm
分 本州〜南西諸島

ハリマナガウンカ
水辺の草地にすむ。
類 ウンカ科 全 5.5mm前後
分 本州〜九州

セジロウンカ 中国南部から偏西風にのって日本に飛来する。イネの害虫として有名。
類 ウンカ科 全 3〜5mm
分 北海道〜南西諸島

ウンカ類は単眼が複眼の下にあるが、ヨコバイ類は単眼が頭頂部の複眼のあいだにあるので区別できる。

119

水辺

水面をよく見れば虫だらけ！
ケシカタビロアメンボ

類	カメムシ目 カタビロアメンボ科
体	1.5～2mm
分	本州～南西諸島

無翅型オス
幼虫
無翅型メス
ホルバートケシカタビロアメンボ（p.131ページ）無翅型メス
無翅型メス
長翅型
無翅型メス

成虫と幼虫
水面の一か所に集団をつくっていることが多い。この写真のように、別の種がまじっていることもよくある。

ホントの小ささ！

畑のわきに置かれたトロ舟　埼玉県越谷市　2015.10.1

ケシカタビロアメンボは池や沼、田んぼなどに生息するほか、水たまりや水を張ったバケツなどでもみつかる身近な種だ。ただし、あまりにも小さいため、その存在に気づかない人も多いだろう。ふつうのアメンボとは別の科に属していて、体形は幅広で、水面を歩いて移動する。アメンボという名前だが、水面にすむカメムシという感じだ。無翅型（はねのないタイプ）と長翅型がいる。

キノコバエの一種を捕食する無翅型のメスの成虫
体長1.8mm。水面に落ちたさまざまな昆虫のほか、ミジンコを捕食している個体も観察できる。

トロ舟は、セメントをこねるときに使う四角い容器。畑では、野菜を洗うためなどに使われている。

水上をすべる緑色のカメムシ
ムモンミズカメムシ

- 類 カメムシ目ミズカメムシ科
- 体 2.7～3.4mm
- 分 北海道～南西諸島

ホントの小ささ！

無翅型のオス 体長3.13mm。体形は細長く、メスとくらべて、あしが長い。

川　栃木県栃木市渡良瀬遊水地　2015.10.14

水草でおおわれた池などがあったら、岸辺の水面を観察してみよう。水に浮く緑色の小さなカメムシがみつかるはずだ。ムモンミズカメムシは水面で生活するカメムシで、アメンボみたいに水面をすべるように移動する姿がなんともかわいらしい。写真のように多くは無翅型だが、まれに長翅型がいる。

無翅型のメス 体長3.73mm。オスより大きく、体形は丸みをおびている。

池　埼玉県さいたま市見沼氷川公園　2016.8.6

幼虫 体長2.3mm。アサザの葉の上や周辺にいた。

生息地の環境 川岸には、枯れて浮いたヨシ、ヒシの葉、スゲの茎などがあり、それらで休んでいる個体が多くみつかった。

🌱 ミズカメムシ科のなかまは、日本で6種が知られている。

水辺

風船虫をつかまえて遊ぼう
ハラグロコミズムシ

類 カメムシ目 ミズムシ科
体 4.7～5.6mm
分 北海道～南西諸島

ホントの小ささ！

成虫
田んぼにたくさんいた。成虫は、はねと背中のあいだにも空気をためている。泳いでいないときは、水底の石や沈んだ枯れ枝などにつかまっている。

田んぼ　茨城県坂東市　2016.7.16

「風船虫」とは、ミズムシ科の虫の愛称で、田んぼや池にすんでいる。ぼくは子どものころ、よく「風船虫遊び」をした。夏の夜、たくさんの風船虫が部屋の電灯に飛んできた。今では家の明かりに飛来するほどたくさんはいないかもしれないが、田んぼや浅い池でかんたんに採集できる。ここでは、ハラグロコミズムシを紹介した。

翅芽

田んぼ　坂東市　2016.7.16

終齢幼虫
体長3.57mm。成虫より、ひとまわり小さい。翅芽は生えているが小さいので、腹部に生えた毛のあいだに空気をためている。

ミズムシ科の多くの種は、どれもよく似ている。どの種でも「風船虫遊び」ができる。

風船虫遊び

ぼくの子どものころは、半紙をちぎって沈めたが、撮影用に今日は色のついた付せんを沈めてみた。花吹雪のようにきれいだった。風船虫は長い中脚で紙につかまる。泳ぐときにはオールのような後脚を使う。

体は空気の層に包まれている。

中脚の長いつめでしっかりつかまる。

紙といっしょに浮かんでくる

風船虫は水中で呼吸をするために、体に空気をたくわえる。体は小さくて軽いために浮力が強く、石などにつかまれば水底にとどまれるが、軽い紙切れにつかまったくらいでは浮き上がってしまう。そうすると紙を放し、泳いで下へもどり、また紙につかまって浮かんでくる。この繰り返しが、とてもおもしろい。

遊びかた 透明なガラスのコップに水と、切った色紙などを入れる。紙の大きさを変えたり、ほかのものを入れたり、いろいろためしてみよう。紙に水がしみこんで沈むまでは、しばらく時間がかかる。

遊んだあとは、かならず風船虫はつかまえた場所にもどしてやろう。

123

水辺

水たまりにすむ小さなゲンゴロウ
チビゲンゴロウ

類	コウチュウ目 ゲンゴロウ科
体	1.9～2.2mm
分	北海道～南西諸島

ホントの小ささ！

成虫 体長1.9mm。水深3cmほどの浅いところでみつかった。

田んぼの水たまり　茨城県坂東市　2015.10.4

チビゲンゴロウは田んぼや湿地、水たまりなど、身近な環境にすむ。ただし、あまりにも小さいため、存在を知らなければ見過ごしてしまうだろう。水たまりをしばらく見つめていれば、呼吸をするために水面に浮かんでくるチビゲンゴロウにきっと出会えるはず。食べ物をさがすためか、水底の泥にもよくもぐりこむ。

稲刈り後の田んぼの水たまり
チビゲンゴロウが、たくさんみつかった。

田んぼ　埼玉県越谷市　2016.8.1

幼虫 体長2.94mm。1ぴきがミジンコを食べていたら、もう1ぴきやってきた。

泳ぎかたをくらべてみよう

ゲンゴロウのなかまの後脚のふ節には、「遊泳毛」とよばれる毛が生えている。泳ぐとき、ハイイロゲンゴロウなどは左右の後脚をオールのように同時に動かして水をかくが、チビゲンゴロウは後脚を交互に動かす。ただし、小さすぎて肉眼では見えないので、写真や動画を撮って、拡大して見てみよう。

ハイイロゲンゴロウ　　チビゲンゴロウ

ハイイロゲンゴロウは、体長12～14mm。北海道～南西諸島に分布している。

河原を飛びかう黒い甲虫
クシヒゲマルヒラタドロムシ

類	コウチュウ目 ヒラタドロムシ科
体	3.8～5.6mm
分	本州～九州

水辺

ホントの小ささ！

葉にとまるオス
オスは名前のとおり、触角がくし状になっている。この触角を使い、飛びながらメスをさがす。

河原　東京都日の出町平井川
2013.5.15

大きめの石がある川　このような流れの石をひっくり返すと、幼虫がみつかる。冬から春にかけては終齢幼虫が育っているのでさがしやすい。

日の出町平井川　2016.1.10

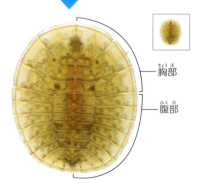

終齢幼虫　胸部と腹部が発達して円盤状になっていて、まるで吸盤のように石に張りつく。

5月初旬、清流に川遊びに行くと、流れの周辺で、たくさんのクシヒゲマルヒラタドロムシに出会えると思う。その多くはオスで、ふわふわと飛びながらメスをさがしている。幼虫は水中で、流れにある石の下に張りついている。なかなかふしぎな形をしているので、ぜひ観察してほしい。

🌱 クシヒゲマルヒラタドロムシの終齢幼虫は、3月ごろから上陸して蛹になる。

125

水辺

近所で小さな大発見！
シベリアユミアシケシキスイ

類 コウチュウ目 ヒゲボソケシキスイ科
体 2.7〜3.6mm
分 本州

ホントの小ささ！

ショウブの実 曲がって一部が黒ずみ、ふんのようなものが出るなどしていれば、中で幼虫が育っている。

休耕田　埼玉県越谷市　2016.6.9

実の中の前蛹 実の中心部につくった蛹室に入っていった。茶色い部分は食痕。

休耕田　越谷市　2016.6.17

実の中の蛹 発見してから約1週間後に実を割ってみると蛹になっていた。

飼育個体　2016.6.20

成虫 湿地に生息する種で、カサスゲの花に集まることが知られている。

近所の水辺に生えたショウブの実を見ると、曲がって黒ずんだところがあった。「これは虫だな」と思って割ってみると大正解。中心部にケシキスイ類の幼虫が入っていた。実を持ち帰り、なにが羽化してくるかとわくわくしながら待つこと数日。たくさんのシベリアユミアシケシキスイが羽化した。幼虫の食べ物が不明だった種だ。まさか近所で発見するとは！ 幸運だった。

126　ケシキスイの「ケシ」は「芥子粒」で小さいもののたとえ。「キスイ」は「樹吸い」で木の汁を吸う虫ということ。

歩く砂粒！
ツメアカマルチビゴミムシダマシ

水辺

類 コウチュウ目 ゴミムシダマシ科
体 3.8〜4.7mm
分 本州

ホントの小ささ！

成虫 下の写真のように拡大してみれば確かに甲虫だが、砂地の上では周囲の砂粒にうまくまぎれてしまう。

河原　東京都青梅市多摩川　2015.3.22

成虫 個体数は多く、次々とみつかった。

早春の河川敷、砂地が広がるような河原で小さなゴミムシダマシが活動をはじめる。色彩は砂や小石とまったく同じで、動かなければ、まずみつからない。じっとすわって、砂をながめよう。コソッ、コソッと砂が動いたら、この虫だ。河原の砂地は晴れると暑く、夏などは灼熱地獄になる。快適な早春に活動するというのは、納得がいく。

生息環境
ひと口に河原といっても、地面の状態はさまざまだ。ツメアカマルチビゴミムシダマシは、ススキが生えた砂地でたくさんみつかった。

ツメアカマルチビゴミムシダマシがなにを食べているのかなど、くわしいことはわかっていない。

水辺

泳ぎが得意で潜水もできる！
イネミズゾウムシ 外

類	コウチュウ目ゾウムシ科
体	2.5～3.5mm
分	北海道～南西諸島

ホントの小ささ！

泳ぐ成虫
写真の姿勢のまま、中脚だけを動かし、上手に泳ぐ。

田んぼ　埼玉県さいたま市緑区　2016.6.17

イネミズゾウムシは、とにかく泳ぎが得意。水中をすいすい泳ぎ、深くもぐることもお手のもの。土の中や草の根ぎわなどで越冬していた成虫は、春にイネ科植物の葉を食べ、田植えと同時にイネに集まってくる。田植えの時期に、田んぼへ行けばたくさんいるので、ぜひ泳ぎかたを観察してほしい。

田んぼ　茨城県稲敷市　2016.5.22

イネの葉を食べるメス　食べると卵巣が成熟し、水面下の葉鞘（茎をだきこむように発達した葉のつけ根の部分）の中に産卵する。

田んぼ　さいたま市緑区　2016.6.17

終齢幼虫
幼虫はイネの根を食べる。若齢では根の内部にもぐって食べるが、中齢以降では土の中で根を食べる。

128　イネミズゾウムシは北アメリカ原産。日本に侵入した個体群はメスだけで、単為生殖をおこなう。

泥だんごがついたイネの根
3～4mmの泥だんごが2個ついていた。大発生すると根が泥だんごだらけになり、イネが育たなくなってしまう。

田んぼ　さいたま市緑区
2016.7.23

根っこの泥だんごが蛹の部屋

幼虫は、水底のイネの根に泥だんごをつくって、その中で蛹になる。泥だんごは「土まゆ」とよばれ、卵形で根にしっかりとついていて、イネの株を引きぬいて水で洗ったくらいでは、まったくはずれることはない。まゆをつくる多くのゾウムシのように、分泌物を出し、ひげ根と土をうまく利用してつくっているのだろう。

蛹　蛹の期間は水温によって変化するが、1～2週間。

幼虫が根を食害している株は、健康な株にくらべて生育がわるいため、外見からかんたんに判断できる。

129

水辺

水上コテージにすむ極小ゾウムシ
ウキクサミズゾウムシ

類	コウチュウ目ゾウムシ科
体	1.5〜1.7mm
分	北海道〜九州

ホントの小ささ！

田んぼ　埼玉県さいたま市緑区　2016.6.17

食痕　小さな丸い穴は成虫の食痕。黒いすじのようになった部分が幼虫が中身を食べたあと、つまりマイン。小さいほうのウキクサはアオウキクサという別種で、成虫の食痕しか見当たらない。

ウキクサミズゾウムシは、自分が食べるウキクサの上で一生をすごす。食べられる「水上コテージ」にくらしているようなものだ。田んぼや池などに浮かぶウキクサに上の写真のような食痕があったら、動くものがいないか、観察しよう。成虫は水上を歩くこともできるので、水面も見てみよう。

成虫　あまりにも小さいため、最初は気づかないだろう。みつけるコツは、すわってじっくりウキクサをながめることだ。

幼虫　体長2.7mm。幼虫はウキクサにもぐりこんで中身を食べる。写真はウキクサの中から取りだしたもの。

さなぎ　体長1.75mm。成長した幼虫はウキクサの裏側、つまり水中側に半透明のまゆをつくって蛹化する。写真はまゆを取りのぞいて撮影したもの。

ウキクサはサトイモ科の植物で、茎と葉の区別がなく、葉に見える部分は「葉状体」とよばれる。

田んぼでみつかる小さな虫たち

田んぼでみつかる昆虫は、もともと池や沼、湿地にすんでいた虫たちだ。ひと口に田んぼといっても、イネやあぜに生える植物の上、水ぎわや水面、水中など、多様な環境がある。いろいろなところで昆虫をさがしてみよう。

茨城県坂東市 2016.7.2

ハイイロチビミズムシ オスは鳴くことが知られ、鳴くのは求愛のためといわれる。
- 類 カメムシ目ミズムシ科　体 2.7〜3.2mm
- 分 本州〜南西諸島

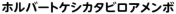
坂東市 2016.7.28

ホルバートケシカタビロアメンボ
湿地や、ガマなどの生えたせまい水面を好む。
- 類 カメムシ目ケシカタビロアメンボ科
- 体 1.3〜1.8mm　分 本州〜南西諸島

坂東市 2016.7.28

オオミズゾウムシ 食草のコナギの葉の上でみつかる。　類 コウチュウ目ゾウムシ科
- 体 2.3〜2.5mm（口吻はふくまない）
- 分 本州〜九州

坂東市 2010.7.3

イネクビボソハムシ
幼虫も成虫もイネの葉を食べる。
- 類 コウチュウ目ハムシ科
- 体 3.9〜4.5mm
- 分 北海道〜南西諸島

埼玉県越谷市 2016.8.3

エゾミズギワカメムシ
日当たりのよい場所を好み、田んぼにも多い。
- 類 カメムシ目ミズギワカメムシ科
- 体 2.8〜3.7mm
- 分 北海道〜四国、南西諸島

埼玉県越谷市 2016.8.1

ヨツモンコミズギワゴミムシ 昼行性で、水ぎわのトビムシや、ぬれた泥の中のハエの幼虫などを捕食する。　類 コウチュウ目オサムシ科
- 体 2.5mm前後　分 北海道〜九州

開発によって池や沼、湿地が年々消えてゆく現在、無農薬の田んぼや休耕田は、虫たちの楽園といえる。

水辺

水辺の小さなハンター
ミナミカマバエ

類 ハエ目ミギワバエ科
体 4～6mm
分 本州～九州

ホントの小ささ!

顔はカマキリそっくり!
いかにもえものをとらえて食べる種のつらがまえ。精悍でかっこいい。

田んぼ 千葉県成田市 2009.7.29

ユスリカの一種をとらえたところ
泥の中にひそんでいるハエ目の幼虫をもっともよく食べる。いっぽう、水ぎわを歩いているアリやカメムシには近づくが、とらえない。やわらかい昆虫でないと、歯が立たないのだろう。

湿地 栃木県野木町渡良瀬遊水地 2015.10.14

田んぼや湿地、河原の岸辺など、水ぎわが湿った泥でおおわれている場所には、ハエのなかまがたくさん集まってくる。そのなかに、カマキリのような前脚をもち、狩りをするミナミカマバエがいる。体が小さいので、大きなハエにえものを横取りされそうにもなるが、そんなときは自慢のカマを振りあげて追いはらう。

湿地 渡良瀬遊水地 2015.10.15

前脚を振りあげて相手を威嚇する おどかしても相手が逃げないときには、むだなけんかはせず、自分がその場から飛びたっていく。

水ぎわの泥の中にはハエの幼虫など小さな動物が多く、小型の肉食昆虫にうってつけの場所になっている。

コバネガ科の一種

幼虫がコケを食べる原始的なガ

| 類 | チョウ目コバネガ科 |
| 全 | 6mm前後 |

水辺

成虫 日本にはコバネガ科のなかまが17種知られていて、どれもよく似た外見をしている。写真からは種の特定ができなかった。

湿潤な斜面　埼玉県飯能市　2015.5.24

生息地の環境　こうした湿った斜面で成虫も幼虫もみつかる。成虫は年1回、春から初夏に現れる。

山地の林道沿いなどで水のしみ出た斜面があったら、コバネガをさがしてみよう。コバネガのなかまの幼虫はマキノゴケやジャゴケを食べるので、こうしたコケがあれば生息している可能性が高い。このなかまは原始的で、ストローのような吸う口ではなく、かむための大あごをもっているという。

湿潤な斜面　埼玉県飯能市　2015.8.23

幼虫　体長3.1mm。ジャゴケを食べていた。幼虫は冬でもみつかるが、薄暗いところにいるので、さがすときには、昼間でも懐中電灯が必需品だ。

海外のコバネガ科のなかまでは、成虫が花粉などを食べることが観察されている。

133

水辺

イネの害虫を退治するアリみたいなハチ
クロハラカマバチ

類 ハチ目カマバチ科
体 2〜3.5mm
分 北海道〜九州、八重山諸島

ホントの小ささ！

メスの成虫 後脚をこすり合わせて掃除中だ。アリに似ているのはメスだけ。オスはふつうのハチの外見をしているというが、ぼくはまだ見たことがない。

田んぼ　埼玉県越谷市　2015.9.6

体形はアリそのもので、前脚はちょっとカマキリに似たハチがいる。めずらしい虫かというとそうではなく、幼虫がイネの害虫のヒメトビウンカ（p.118）に寄生するため、米農家には益虫として知られる有名な虫だ。成虫より、ウンカに寄生した幼虫や、まゆのほうがめだつので、採集して飼育してみるのも、このハチを見る近道かもしれない。

前脚のかま ふ節第5節と爪の一方がかまとなり、カニのはさみのように動かせる。

田んぼ　越谷市　2015.9.6

ヒメトビウンカの幼虫に寄生する4齢幼虫 幼虫の頭部と胸部は、ウンカの体内にある。腹部は幼虫嚢とよばれる袋につつまれ、ウンカの体外に突き出ている。

田んぼ　茨城県自然博物館　2014.7.12

まゆ 幼虫嚢が縦に裂けて終齢（5齢）幼虫が脱出し、葉の上にまゆをつくって蛹化する。

田んぼ クロハラカマバチは、おもにヒメトビウンカに寄生するため、田んぼでみつけることができる。

クロハラカマバチのまゆをみつけたら、葉を切りとって容器に入れておくと、まもなく成虫が羽化してくる。

コラム

南の島の奇妙なハエ

ヒメシュモクバエは、左右の複眼が柄の先についた、ユニークな顔をもつハエ。渓流のゆるやかな流れのわきにいて、葉や石の上などにとまっている。シュモクバエ科のなかまは、熱帯雨林には多種が知られるが、日本に生息するのはヒメシュモクバエだけだ。海外の種では、オスのほうがメスより眼の柄が長く、オスどうしのけんかのときには柄のより長いほうが有利といわれるが、ヒメシュモクバエに関しては今のところなにもわかっておらず、外見からは雌雄の区別もできない。八重山諸島に旅行に行ったらぜひ、さがしてほしい。

川岸 西表島相良川 2013.4.26

ヒメシュモクバエ
- 類 ハエ目シュモクバエ科 全 5mm前後
- 分 石垣島、西表島

生息環境(西表島)
渓流沿いの薄暗い場所で一年じゅうみつかる。

砂浜にすむ砂粒みたいな甲虫

海のない埼玉県で生まれ育ったぼくは、海に行くと遠くにきた気分になる。砂浜は特殊な環境で、そこにすむ昆虫たちの多くは、ほかではけっして見られないものばかりだ。ハマヒョウタンゴミムシダマシは、そんな虫の一種。小さいが、がんじょうそうな体をしていて、打ち上げられたアマモや動物の死がいなどを食べてくらしている。昼間は砂の中にもぐっていることが多く、目の細かいざるで砂をふるうとみつけることができる。ただし、動かないかぎり発見は困難。それほど砂粒にそっくりなのだ。

海岸 神奈川県三浦市三戸海水浴場 2016.2.19

ハマヒョウタンゴミムシダマシ
砂の中から掘り出した成虫。
- 類 コウチュウ目ゴミムシダマシ科
- 体 4.4〜5.6mm 分 北海道〜屋久島

セラム島でみつけた小さな虫図鑑

2015年9月、ぼくはインドネシアのセラム島へ行く機会を得た。セラム島は、ニューギニア島の南西に位置する、熱帯雨林が広がる島だ。この年は、4か月間も雨が降らないという異常気象で、島は乾燥しきっていた。そのため、昆虫の数は全体的に少なかったが、コウチュウ目とカメムシ目の、小さな虫を撮影することができた。こうしてならべてみると、日本の種とはやはり雰囲気がちがうと感じた。
＊どの種も和名がないので、ぼくが名前をつけてみた。

日本 / セラム島

トラガシラアワフキ
今回よく見られた種。沢沿いや伐採地に生えた植物の葉の上に静止していることが多かった。
- 類 カメムシ目アワフキムシ科
- 全 7.6mm

セラムヒメカタゾウムシ
ヒメカタゾウムシ類は熱帯雨林でよく見かけるグループ。後翅が退化し、飛ぶことができない。
- 類 コウチュウ目ゾウムシ科
- 体 5.8mm

セラムクロオビコガシラアワフキ
森林内の葉の上にいた。熱帯雨林にすむコガシラアワフキ科のなかまはニューギニアを中心に分布し、きれいな種が多い。
- 類 カメムシ目コガシラアワフキ科
- 全 5mm

トゲゾウムシ
ヤシ科植物の葉にとまっていた。拡大して見たら、小さなとげが体をおおっていた。
類 コウチュウ目ゾウムシ科 体 3.8mm

クロバネウンカ
熱帯雨林にウンカ類が少ないのか、それとも異常気象の影響なのか、ウンカはこの1ぴきがみつかったのみ。
類 カメムシ目ウンカ科 全 5.8mm

ヒゲナガフタイロハムシ
暗い沢沿いに生えた植物の葉にいた。体長より長い触角が印象的。
類 コウチュウ目ハムシ科 3.5mm

ミミズクヨコバイ
はねの先端の模様が顔に見え、最初はだまされた。大切な頭部を外敵から守るため、こうした模様が進化したと考えられる。
類 カメムシ目ヨコバイ科 全 6.2mm

キイロムネコブハムシ
ハスノハヒルガオを食べるムネコブハムシ属の一種。熱帯雨林の林縁に生えた食草の葉の上でたくさんみつかった。
類 コウチュウ目ハムシ科 体 5.4mm

用語解説

この図鑑で使った、昆虫の体やくらしに関するおもな用語を五十音順にならべて解説している。

【甘露】 アブラムシなどのおしっこのこと。糖分をふくみ、甘い。

【擬死】 刺激をあたえると、死んだように動かなくなること。外敵から身を守るために役立っている。

【寄生】 異種の生物がいっしょに生活をして、一方が利益を、他方が害を受けている生活形態のこと。害を受ける生物を寄主（宿主）という。寄生者が寄主をかならず殺してしまう寄生のことを捕食寄生といい、昆虫ではこの例が非常に多い。たとえば、コクゾウムシとゾウムシコガネコバチの生活形態は、捕食寄生。

【吸汁痕】 食痕のうち、汁を吸ったあとを、とくに吸汁痕という。

【朽ち木】 キノコやカビなど、菌類によって枯れ木が分解されて、やわらかくなった状態の木。

【絹糸】 昆虫が分泌するたんぱく質の糸。チョウ目、アミメカゲロウ目、ハチ目などの幼虫のほか、シロアリモドキ目やコロギスなどでは、成虫も絹糸を出す。

【口吻】 細長く伸びた口や、口に付属する細長い部分のこと。

【呼吸管】 呼吸をするための管。

【コロニー】 おもに同種の動物がつくる大集団。

【小あごひげ】 口の一部。昆虫の口は、上唇、大あご、小あご、下唇、小あごひげ、下唇ひげ、という器官で構成されている。

【翅芽】 幼虫がもつはねのもとになる器官。バッタ目やカメムシ目などでは体の表面に出ている。

【仔虫】 アブラムシ類などの幼虫のこと。

【若齢幼虫】 1齢など、初期の成長段階の幼虫。

【終齢幼虫】 蛹または成虫になる前の幼虫。

【上翅】 前翅のこと。コウチュウ目では上翅とよぶことが多い。

【小楯板】 胸部の背面、前翅のつけ根にある部分。逆三角形になっていることが多い。

【食草】 幼虫が食べる植物のこと。樹木の場合も、ふつう食草というが、食樹ということばもある。成虫が食べる植物は食草とは区別し、後食植物という。

【食痕】 食べあとのこと。虫をみつけるときは、食べた直後の新しい食痕が手がかりになる。

カシルリオトシブミの食痕
緑色の食痕は新しく、褐色の食痕は古い。

【前蛹】 蛹になる前の、ややちぢんだ状態の幼虫。

【単為生殖】 メスだけで繁殖すること。

【単眼】 かんたんな構造の小さな眼。明暗を感じるといわれる。

【短翅型】 同じ種の昆虫に、はねの長さのちがう型がある場合の、はねの短い型のもの。

【中齢幼虫】 中くらいの成長段階の幼虫のこと。

【長翅型】 同じ種の昆虫に、はねの長さのちがう型がある場合の、はねの長い型のもの。

【天敵】 自然のなかで、ある生物を捕食や寄生によって殺す、ほかの生物のこと。鳥類や爬虫類、両生類などは多くの昆虫の天敵で、クロハラカマバチ（p.134）は、ヒメトビウンカ（p.118）の天敵。

【ビーティングネット】 1m四方ほどの白い布の四隅に三角のポケットを縫いつけ、十字に組んだ竹を差しこんだもの。葉や枝の下に敷いたり差し出したりしてから棒で枝をたたき、布の上に昆虫を落とす。

ビーティングネット
写真は市販のものだが、好きな大きさで自作してもよい。

【ふ節】 昆虫のあしの先端部分の節のこと。ふ節の先に爪がある。

【マイン】 鉱山を意味する英語(Mine)で、採掘のために鉱山を掘るように、幼虫が葉の中にもぐりこんで葉の組織を食べた食痕のことをいう。マインは葉に書いた絵や字のように見えるため、マインをつくる幼虫を一般に「絵描き虫」「字書き虫」という。

【虫こぶ】 昆虫の寄生により、植物組織が異常な発達を起こしてできるこぶ状、いが状、突起状など、さまざまな形状にふくらんだ状態のもの。ダニなど、昆虫以外の生物による似たような異常な状態もふくめて「ゴール」とよばれることも多い。

【蛹室】 蛹になるための部屋。

【林縁】 林内に対する用語で、林のふちのこと。じゅうぶんな日光が当たり、林内とはちがう植物が生えている。

林縁

【鱗粉】 毛が変化して小さなうろこのようになったもの。いろいろな色の鱗粉は、体やはねの模様をつくり、水をはじく役割もある。

●昆虫のなかま分け

特徴の似た種をまとめた小さなグループを「属」、特徴の似た属をまとめた少し大きなグループを「科」、特徴の似た科をまとめた大きなグループを「目」という。

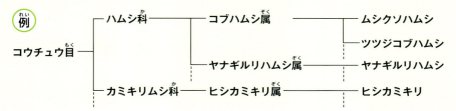

●昆虫の名前

日本語の名前を「和名」、ラテン語でつけられた世界共通の名前を「学名」という。学名は、「属名」と「種小名」の2つを合わせて斜体で表記する。

種が特定できない場合は、わかった属・科・目を記す。こうすることで、その虫がどんなグループに属しているかまではわかる。
この図鑑では、さくいんに和名とともに学名を記している。

和名　　　　　学名
ムシクソハムシ　*Chlamisus spilotus*
　　　　　　　　属名　　種小名

ヒメハネカクシ属の一種　*Atheta* sp.
　　　　　　　　　属名　species(種)の略

ヒメコバチ科の一種　*Eulophidae* gen. sp.
　　　　　　　　科名　genus(属)の略

ハエ目の一種　*Diptera* fam. gen. sp.
　　　　　　目名　family(科)の略

この本に出てくる虫の名前を五十音順にならべてある。アルファベットは学名（p.139）。

ア

- アカイエカ Culex pipiens …… 10〜11
- アカオビカツオブシムシ Dermestes vorax …… 19
- アカタテハ Vanessa indica …… 91
- アゲハ Papilio xuthus …… 49
- アサトビハムシ Psylliodes attenuata …… 45
- アズキゾウムシ Callosobruchus chinensis …… 16〜17
- アトコバネコナカゲロウ Conwentzia pineticola …… 85
- アミメアリ Pristomyrmex punctatus …… 23
- アライヒシモンヨコバイ Hishimonus araii …… 77
- アワクビボソハムシ Oulema dilutipes …… 3,43
- アワダチソウグンバイ Corythucha marmorata …… 81

イ

- イダテンチャタテ Idatenopsocus orientalis …… 83
- イタドリオマルアブラムシ Macchiatiella itadori …… 34
- イナズマヨコバイ Recilia dorsalis …… 77
- イネクビボソハムシ Oulema oryzae …… 131
- イネミズゾウムシ Lissorhoptrus oryzoephilus …… 128〜129
- イノコズチキバガ Chrysoesthia heringi …… 64

ウ

- ウキクサミズゾウムシ Tanysphyrus lemnae …… 130
- ウスイロチャタテ属の一種 Ectopsocus sp. …… 83
- ウスキホシテントウ Oenopia hirayamai …… 93
- ウデゲヒメホソアシナガバエ Amblypsilopus pilosus …… 54
- ウリウロコタマバエ Lasioptera sp. …… 51
- ウロコチャタテ Paramphientomum yumyum …… 83

エ

- エグリグンバイ Cochlochila conchata …… 81
- エゴノネコアシアブラムシ Ceratovacuna nekoashi …… 72〜73
- エゾミズギワカメムシ Saldoida recticollis …… 131

オ

- オオアオイボトビムシ Morulina gigantea …… 88
- オオクラカケカワゲラ Paragnetina tinctipennis …… 90
- オオチビヒラタエンマムシ Platylomalus niponensis …… 89
- オオチョウバエ Clogmia albipunctatus …… 8
- オオミズゾウムシ Tanysphyrus major …… 131
- オオメカメムシ→オオメナガカメムシ …… 79
- オオメナガカメムシ Geocoris varius …… 79
- オンブバッタ Atractomorpha lata …… 48

カ

- カクムネチビヒラタムシ Cryptolestes pusillus …… 15
- カザリゲツチトビムシ属の一種 Isotomurus sp. …… 29
- カシヒメチャタテ Lachesilla quercus …… 21
- カシルリオトシブミ Euops splendus …… 46
- カシワノミゾウムシ Orchestes japonicus …… 102
- カラムシカザリバ Cosmopterix zieglerella …… 59

キ

- キイロショウジョウバエ Drosophila melanogaster …… 12〜13
- キイロシリアゲアリ Crematogaster osakensis …… 23
- キイロテントウ Illus koebelei …… 93
- キイロムネコブハムシ Oncocephala sp. …… 137
- キスジノミハムシ Phyllotreta striolata …… 45
- キノコアカマルエンマムシ Notodoma fungorum …… 89
- キノコツヤハネカクシ属の一種 Gyrophaena sp. …… 88
- キノコバエ科の一種 Mycetophilidae gen. sp. …… 88
- キバラコナカゲロウ Coniopteryx abdominalis …… 84〜85
- キボシマルトビムシ Bourletiella hortensis …… 29
- キモンケチャタテ Valenzuela oyamai …… 83
- ギンヤンマ Anax parthenope …… 49

ク

- クシヒゲマルヒラタドロムシ Eubrianax granicollis …… 125
- クズノチビタマムシ Trachys auricollis …… 40〜41

140

クズマダラホソガ *Liocrobyla lobata* 62
クチキクシヒゲムシ *Sandalus segnis* 90
クヌギエダイガタマバチ *Trichagalma serratae*
112 ～ 113
クヌギキムモンハモグリ *Tischeria quercifolia* 108
クヌギトゲアブラムシ *Cervaphis quercus* 35
クヌギハナコツヤタマバチ *Trichagalma serratae* 113
クモガタテントウ *Psyllobora vigintimaculata* 93
クリオオアブラムシ *Lachnus tropicalis* 91
クリタマバチ *Dryocosmus kuriphilus* 94,114
クロゴキブリ *Periplaneta fuliginosa* 49
クロチビオオキノコ *Tritoma niponensis* 89
クロトゲマダラアブラムシ *Tuberculatus stigmatus*
35
クロバネウンカ *Delphacidae gen. sp.* 137
クロハラカマバチ *Haplogonatopus atratus* 134
クロヒメテントウ *Scymnus japonicus* 93
クロヒラタヨコバイ *Penthimia nitida* 77

ケ

ケシカタビロアメンボ *Microvelia douglasi* 120

コ

コカゲロウ科の一種 *Baetidae gen. sp.* 90
コガネコバチ科の一種 *Pteromalidae gen. sp.* 21
コカマキリ *Statilia maculata* 48
コクゾウムシ *Sitophilus zeamais* 14 ～ 15
コクヌストモドキ *Tribolium castaneum* 15,21
コナチャタテ属の一種 *Liposcelis sp.* 83
コバネガ科の一種 *Micropterigidae gen. sp.* 133
コハモグリ属の一種 *Phyllocnistis sp.* 64
ゴマフウンカ *Cemus nigropunctatus* 119
コメノケシキスイ *Carpophilus pilosellus* 15

サ

サクラアリ *Paratrechina sakurae* 23
ササキリ *Conocephalus melaenus* 48
ササハモグリバエの一種 *Cerodontha sp.* 50
サトアリツカコオロギ *Myrmecophilus tetramorii* 65
サルトリイバラシロハモグリ *Proleucoptera smilactis*
55

シ

シダシロコガ *Acrolepiidae gen. sp.* 58
シベリアユミアシケシキスイ *Sibirhelus corpulentu*
126
シマウンカ *Nisia nervosa* 119
シモフリシマバエ *Homoneura euaresta* 54
ジュウジチビシギゾウムシ *Curculio pictus* 103
ジュズヒゲムシ属の一種 *Zorotypus sp.* 115
シロダモタマバエ *Pseudasphondylia neolitseae*
104 ～ 105
シロトビムシ科の一種 *Onychiuridae gen. sp.* 29
シロヒメヨコバイ *Eurhadina betularia* 77

セ

セイタカアワダチソウヒゲナガアブラムシ
Uroleucon nigrotuberculatum 32 ～ 33
聖堂シロアリ *Nasutitermes triodiae* 69
セジロウンカ *Sogatella furcifera* 119
セラムクロオビコガシラアワフキ *Cercopidae gen. sp.*
136
セラムヒメカタゾウムシ *Celeuthetini gen. sp.* 136

ソ

ゾウムシコガネコバチ *Anisopteromalus calandrae*
24
ソラマメヒゲナガアブラムシ *Megoura crassicauda*
34

タ

ダイコンサルゾウムシ *Ceutorhynchidius albosuturalis*
103
ダイコンサルハムシ *Phaedon brassicae* 45
ダイズギンモンハモグリ *Microthauma glycinella* 64
タデキボシホソガ *Calybites phasianipennella*
60 ～ 61
タデマルカメムシ *Coptosoma parvipictum* 91
タバゲササラゾウムシ *Demimaea fascicularis* 103
タバコシバンムシ *Lasioderma serricorne* 25

チ

チヂミザサクサモグリガ *Elachista kurokoi* 64
チビゲンゴロウ *Hydroglyphus japonicus* 124

141

チョウバエ科の一種 *Psychodidae gen. sp* ············· 88

ツ

ツツジグンバイ *Stephanitis pyrioides* ·················· 81

ツツジコブハムシ *Chlamisus laticollis* ················ 45

ツマグロヨコバイ *Nephotettix cincticeps* ············· 77

ツマホシケブカミバエ *Trupanea gratiosa* ············· 47

ツメアカマルチビゴミムシダマシ *Caedius fulviatilis*
·· 127

ツヤツツキノコムシ *Octotemnus laminifrons*
·· 86 ～ 87

ツヤホソバエ科の一種 *Sepsidae gen. sp.* ············· 54

テ

ディクロアシマバエ *Steganopsis dichroa* ············· 54

デオキノコムシの一種 *Scaphidiinae gen. sp.* ········· 89

テングダニ科の一種 *Bdellidae gen. sp.* ·············· 84

ト

トゲキジラミ *Togepsylla matsumurana* ··············· 70

トゲゾウムシ *Curculionidae gen. sp.* ·············· 137

トゲトビムシ科の一種 *Tomoceridae gen. sp.* ········ 29

トビイロケアリ *Lasius japonicus* ··················21,22

トビイロシワアリ *Tetramorium tsushimae* ········· 23

トホシクビボソハムシ *Lema decempunctata* ········ 91

トラガシラアワフキ *Aphrophoridae gen. sp.* ········ 136

ナ

ナミアゲハ→アゲハ ································· 49

ナモグリバエ *Chromatomyia horticola* ········· 52 ～ 53

ニ

ニセクヌギキムモンハモグリ *Tischeria decidua*
·· 108

ニセクヌギキンモンホソガ *Phyllonorycter acutissimae*
····································· 106 ～ 107

ニセダイコンアブラムシ *Lipaphis erysimi* ············· 34

ニワトコフクレアブラムシ *Neoaulacorthum magnoliae*
·· 35

ネ

ネギアザミウマ *Thrips tabaci* ····················· 31

ネギアブラムシ *Neotoxoptera formosana* ··········· 34

ネッタイトコジラミ *Cimex hemipterus* ·············· 25

ネッタイハムシバエ *Celyphus hyacinthus* ············· 65

ノ

ノミバッタ *Xya japonica* ···························· 30

ハ

ハイイロゲンゴロウ *Eretes sticticus* ················ 124

ハイイロチビミズムシ *Micronecta sahlbergii* ········ 131

ハエ目の一種 *Diptera fam. gen. sp.* ·············· 21

ハエ目の一種 *Diptera fam. gen. sp.* ·············· 88

ハグルマチャタテ *Matumuraiella rapiopicta* ·········· 83

ハスモンムクゲキスイ *Biphyllus rufopictus* ········· 89

ハゼアブラムシ *Toxoptera odinae* ················· 35

ハマヒョウタンゴミムシダマシ *Idisia ornata* ······ 135

ハマベキクイゾウムシ *Dryotribus mimeticus* ······ 103

ハヤシヒメヒラタホソカタムシ *Synchita hayashii*
·· 20

ハラグロコミズムシ *Sigara nigroventralis*
·································· 122 ～ 123

ハリギリマイコガ *Epicroesa chromatorhoea* ········· 109

ハリブトシリアゲアリ *Crematogaster matsumurai*
····································· 23 , 92

ハリマナガウンカ *Stenocranus harimensis* ·········· 119

ヒ

ヒゲナガフタイロハムシ *Galerucinae gen. sp.* ······· 137

ヒゲブトグンバイ *Copium japonicum* ··············· 38

ヒシカミキリ *Microlera ptinoides* ·················· 94

ヒトスジシマカ *Aedes albopictus* ·················· 11

ヒメアカホシテントウ *Chilocorus kuwanae* ········· 93

ヒメアリ *Monomorium intrudens* ···················· 23

ヒメカツオブシムシ *Attagenus japonicus* ············· 19

ヒメグンバイ *Uhlerites debilis* ····················· 81

ヒメシュモクバエ *Sphyracephala detrahens* ········ 135

ヒメトビウンカ *Laodelphax striatella* ···········118,134

ヒメハネカクシ属の一種 *Atheta sp.* ················· 21

ヒメマルカツオブシムシ *Anthrenus verbasci*
·································· 18 ～ 19

ヒロアシタマノミハムシ *Sphaeroderma tarsatum*
·· 44

フ

風船虫（ふうせんむし） ·· 122 〜 123

フジヤマトゲアヤトビムシ *Homidia fujiyamai* ········ 29

フタスジヒメハムシ *Medythia nigrobilineata* ··········· 45

ブドウハマキチョッキリ *Aspidobyctiscus lacunipennis*
··· 100 〜 101

プラタナスグンバイ *Corythucha ciliata* ················· 80

ヘ

ヘクソカズラグンバイ *Dulinius conchatus*
··· 36 〜 37

ベニモンマイコモドキ *Pancalia hexachrysa* ············· 64

ヘリグロテントウノミハムシ
 Argopistes coccinelliformis ····················· 96 〜 97

ヘリグロヒメハナバエ *Orchisia costata* ················· 54

ヘリグロホソハマキモドキ *Glyphipterix nigromarginata*
··· 64

ホ

ホコリタケケシキスイ *Pocadiodes japonicus* ··········· 89

ホシチョウバエ *Psychoda alternata* ························ 9

ホシヒメヨコバイ *Limassolla multipunctata* ············· 76

ホタルトビケラ *Nothopsyche ruficollis* ················· 90

ホタルハムシ *Monolepta dichroa* ······················· 45

ホルバートケシカタビロアメンボ *Microvelia horvathi*
··· 120,131

マ

マクガタテントウ *Coccinella crotchi* ················· 93

マダラヒメゾウムシ *Baris orientalis* ·················· 103

マダラヨコバイ *Psammotettix striatus* ················ 77

マツノホソオオアブラムシ *Eulachnus thunbergii*
··· 34

マテバシイケクダアブラムシ
 Eutrichosiphum heterotrichum ····················· 35

マドガ *Thyris usitata* ································· 91

マルウンカ *Gergithus variabilis* ····················· 119

マルカメムシ *Megacopta punctatissima* ················ 78

マルムネタマキノコムシ *Agathidium crassicorne*
··· 89

ミ

ミカンコナジラミ *Dialeurodes citri* ············· 74 〜 75

ミドリグンバイウンカ *Kallitaxila sinica* ············· 119

ミナミカマバエ *Ochthera circularis* ················· 132

ミミズクヨコバイ *Cicadellidae gen. sp.* ················ 137

ム

ムシクソハムシ *Chlamisus spilotus* ············· 98 〜 99

ムネアカアワフキ *Hindoloides bipunctata* ············· 71

ムモンミズカメムシ *Mesovelia miyamotoi* ··········· 121

ムラサキシキブツツヒメハマキ *Pseudacroclita sp.*
··· 110 〜 111

ムラサキトビムシ科の一種（か・いっしゅ） *Hypogastruridae gen. sp.*
··· 28

ムラサキトビムシ属の一種（ぞく・いっしゅ） *Hypogastrura sp.* ········· 29

メ

メダカナガカメムシ *Chauliops fallax* ················· 39

メナシウスイロムクゲキノコムシ *Ptinella mekura*
··· 115

ヤ

ヤナギグンバイ *Metasalis populi* ····················· 81

ヤナギルリハムシ *Plagiodera versicolora* ············· 95

ヤブガラシグンバイ *Cysteochila consueta* ············· 81

ヤブミョウガスゴモリキバガ *Idioglossa polliacola*
··· 56 〜 57

ヤマトキムモンハモグリ *Tischeria naraensis* ········ 108

ヤマトシロアリ *Reticulitermes speratus* ········· 68 〜 69

ユ

雪虫（ゆきむし） ··· 35

ユミトリハマダラミバエ *Proanoplomus areus* ········· 54

ヨ

ヨツスジヒメシンクイ *Grapholita delineana* ·········· 63

ヨツボシテントウ *Ancylopus pictus* ················· 92

ヨツボシテントウダマシ *Ancylopus pictus* ············· 42

ヨツモンコミズギワゴミムシ *Tachyura laetifica* 131

ヨツモンホソチャタテ *Graphopsocus cruciatus* ········ 82

ワ

ワタムシ類の一種（るい・いっしゅ） *Pemphiginae gen.sp.* ········· 35

143

【参考文献】

阿部芳久・三島美佐子・佐藤信輔 , 2009. いろいろな虫こぶ . 九州大学の研究者がときあかす昆虫のヒミツ：
　　2-03. http://www.museum.kyushu-u.ac.jp/publications/annual_exhibitions/INSECT2009/00flame.html

秋田勝己・益本仁雄 . 2016. 日本産ゴミムシダマシ大図鑑 .　302pp. むし社 . 東京 .

青木淳一 , 2012. 日本産ホソカタムシ類図説 ムキヒゲホソカタムシ科・コブゴミムシダマシ科 . 92pp.
　　昆虫文献六本脚 . 東京 .

アリ類データベース作成グループ 2008, 2008. 日本産アリ類画像データベース .
　　http://ant.edb.miyakyo-u.ac.jp/J/index.html

Eisner, Thomas, Maria Eisner, and Melody Siegler . 2005. *Secret Weapons: Defenses of Insects, Spiders,
Scorpions, and Other Many-Legged Creatures*. 372pp. The Belknap Press of Harvard University Press.
London.

林 匡夫・森本 桂・木元新作（編著）, 1984. 原色日本甲虫図鑑 IV. 438pp. 保育社 . 大阪 .

Hepota, 2016, コナジラミ写真集 ver. 2016-11-17, http://tamagaro.net/whitefly/

広渡俊哉・那須義次・坂巻祥孝・岸田泰則（編）, 2013.　日本産蛾類標準図鑑Ⅲ.　359pp.　学研教育出版 . 東京 .

池田二三高 , 2006. 菜園の害虫と被害写真集 . 268pp. 自費出版 .

石川 忠・高井幹夫・安永智秀（編）, 2012. 日本原色 カメムシ図鑑 第 3 巻―陸生カメムシ類― .
　　576pp. 全国農村教育協会 . 東京 .

川合禎次・谷田一三（共編）, 2005. 日本産水生昆虫―科・属・種への検索 .　1342pp. 東海大学出版会 . 秦野 .

木元新作・滝沢春雄 , 1994. 日本産ハムシ類幼虫・成虫分類図説 . 539pp. 東海大学出版会 . 秦野 .

黒子浩 , 2015, 日本の昆虫 vol.5 カザリバ属（鱗翅目 , カザリバガ科）. 162pp. 櫂歌書房 . 福岡黒沢良彦・上野俊一・
　　佐藤正孝 , 1985. 原色日本甲虫図鑑 II. 526pp. 保育社 . 大阪 .

黒沢良彦・久松定成・佐々治寛之 , 1985. 原色日本甲虫図鑑 III. 514pp. 保育社 . 大阪 .

黒須詩子 , 2011. ツノアブラムシのゴール、社会性、生活環 .
　　http://fujiwara-nh.or.jp/archives/2011/0219_064902.php

駒井古実・吉安 裕・那須義次・斉藤寿久（編）2011. 日本の鱗翅類 系統と多様性 . 1305pp. 東海大学出版会 . 秦野 .

丸山宗利・小松 貴・工藤誠也・島田 拓・木野村恭一 , 2013, アリの巣の生きもの図鑑 . 208pp. 東海大学出版会 . 秦野 .

那須義次・広渡俊哉・岸田泰則（編）.　2013.　日本産蛾類標準図鑑Ⅳ. 552pp.　学研教育出版 . 東京 .

日本環境動物昆虫学会・生物保護と環境アセスメント調査手法研究部会（編）, 桜谷保之・初宿成彦（監修）. 2009.
　　テントウムシの調べ方 . 148pp. 文教出版 . 大阪 .

―――――, 初宿成彦（監修）. 2013. 絵解きで調べる昆虫～環境アセスメント動物調査手法講演会
　　絵解き検索シリーズ総集編～ . 349pp. 文教出版 . 大阪 .

日本生態学会（編）, 2002. 参考資料 日本の外来種リスト . pp. 298--361, 外来種ハンドブック . 地人書館 , 東京 .

大桃定洋・福富宏和 , 2013. 日本産タマムシ大図鑑 . 206pp. むし社 . 東京 .

三枝豊平・紙谷聡志・宮武頼夫・大城戸博文・杉本美華 , 2013. 九州でよく見られるウンカ・ヨコバイ・
　　キジラミ類図鑑 190pp. 櫂歌書房 . 福岡 .

田中和夫 , 2003. 屋内害虫の同定法（5）噛虫（チャタテムシ）目 . 家屋害虫 25(2)：123 － 136.

田中真悟 , 2010. 日本産イボトビムシ科の分類 . *Edaphologia*, No.86:27-29.

安富和男・梅谷献二 , 1983. 原色図鑑 衛生害虫と衣食住の害虫 . 310pp. 全国農村教育協会 . 東京 .

湯川淳一・桝田長（編著）, 1996. 原色日本虫えい図鑑 . 826pp. 全国農村教育協会 . 東京 .

吉澤和徳 , 2000. 皇居の動物相調査で得られたチャタテムシ目昆虫 . 国立科学博物館専報（36）：29-34.

【撮影協力】

刑部 聖、倉川秀明、小林信之、佐藤浩一、新開 孝、神保智子、鈴木貴之、関野良一、田尾美野留、筒井 学、坪井幸雄、
中瀬 潤、仲瀬嘉子、永幡嘉之、NPO 法人オリザネット（斉藤光明、古谷愛子）、水野正一

【同定協力】

碓井 徹、岸本年郎、砂村栄力、田悟敏弘、寺山 守、富塚茂和、中村裕之、久松定智、真下雄太、町田龍一郎

写真・文／鈴木知之（すずき・ともゆき）

1963年、埼玉県越谷市生まれ。昆虫写真家。國學院大學卒業。1991年より青年海外協力隊としてパプア・ニューギニアに赴任し、アレクサンドラトリバネアゲハの保護活動をおこなう。1993年に帰国後、昆虫写真家として、日本だけでなく、東南アジアやオーストラリアの熱帯雨林などでも撮影を続けている。著書に『朽ち木にあつまる虫ハンドブック』『新カミキリムシハンドブック』『虫の卵ハンドブック』（文一総合出版）、『熱帯雨林のクワガタムシ』（むし社）、『外国産クワガタ・カブトムシ飼育大図鑑』（世界文化社）、『世界のクワガタムシ生態と飼育』（共著・環境調査研究所）、『ゴキブリだもん』（幻冬舎コミックス）、『ずかん さなぎ』（技術評論社）、『小学館の図鑑ＮＥＯ　カブトムシ・クワガタムシ』（特別協力・小学館）、『カラー版徹底図解　昆虫の世界』（共著・新星出版社）、『日本産幼虫図鑑』『コガネムシ上科標準図鑑』（共著・学研）などがある。

カバー表紙デザイン・
本文レイアウト・図版／
ニシ工芸（小林友利香）

編集協力／仲瀬葉子

校閲／川原みゆき

小さな小さな虫図鑑　よくいる小さい虫はどんな虫？

2017年12月　初版1刷発行

著　者　鈴木知之
発行者　今村正樹
発行所　株式会社　偕成社
〒162-8450　東京都新宿区市谷砂土原町3-5
☎03-3260-3221（販売）　03-3260-3229（編集）
http://www.kaiseisha.co.jp/

印刷・製本　大日本印刷株式会社

©2017 Tomoyuki SUZUKI
Published by KAISEI-SHA, Ichigaya Tokyo 162-8450
Printed in Japan
ISBN978-4-03-528530-4
NDC486　144p.　22cm

＊乱丁本・落丁本はおとりかえいたします。
本のご注文は電話・ファックスまたはEメールでお受けしています。
Tel: 03-3260-3221 Fax: 03-3260-3222 E-mail: sales@kaiseisha.co.jp